1+X 职业技能鉴定考核指导手册

车工

（第2版）

四级

编审委员会

主　　任　张　岚　魏丽君

委　　员　顾卫东　葛恒双　孙兴旺

　　　　　张　伟　李　晔　刘汉成

执行委员　李　晔　瞿伟洁　夏　莹

中国劳动社会保障出版社

图书在版编目(CIP)数据

车工：四级/人力资源社会保障部教材办公室等组织编写. -- 2版. -- 北京：中国劳动社会保障出版社，2018

(1+X职业技能鉴定考核指导手册)

ISBN 978-7-5167-3705-7

Ⅰ. ①车… Ⅱ. ①人… Ⅲ. ①车削-职业技能鉴定-自学参考资料 Ⅳ. ①TG510.6

中国版本图书馆CIP数据核字(2018)第264198号

中国劳动社会保障出版社出版发行

(北京市惠新东街1号 邮政编码：100029)

*

北京市艺辉印刷有限公司印刷装订 新华书店经销

787毫米×960毫米 16开本 10.5印张 169千字

2018年12月第2版 2018年12月第1次印刷

定价：30.00元

读者服务部电话：(010) 64929211/84209101/64921644

营销中心电话：(010) 64962347

出版社网址：http://www.class.com.cn

前　言

职业资格证书制度的推行，对广大劳动者系统地学习相关职业的知识和技能，提高就业能力、工作能力和职业转换能力有着重要的作用和意义，也为企业合理用工和劳动者自主择业提供了依据。

随着我国科技进步、产业结构调整和市场经济的不断发展，特别是加入世界贸易组织以后，各种新兴职业不断涌现，传统职业的知识和技术也越来越多地融进当代新知识、新技术、新工艺的内容。为适应新形势的发展，优化劳动力素质，上海市人力资源和社会保障局在提升职业标准、完善技能鉴定方面做了积极的探索和尝试，推出了1+X培训鉴定模式。1+X中的1代表国家职业标准，X是为适应经济发展的需要，对职业标准进行的提升，包括了对职业的部分知识和技能要求进行的扩充和更新。1+X的培训鉴定模式，得到了国家人力资源社会保障部的肯定。

为配合开展的1+X培训与鉴定考核的需要，使广大职业培训鉴定领域的专家和参加职业培训鉴定的考生对考核内容和具体考核要求有一个全面的了解，人力资源社会保障部教材办公室、中国就业培训技术指导中心上海分中心、上海市职业技能鉴定中心联合组织有关方面的专家、技术人员共同编写了1+X职业技能鉴定考核指导手册。该手册介绍了题库的命题依据、试卷结构和题型题量，同时从上海市1+X鉴定题库中抽取部分试题供考生参考和练习，便于考生能够有针对性地进行考前复习准备。今后我们会随着国家职业标准和鉴定题库的提升，逐步对手册内容进行补充和完善。

本系列手册在编写过程中，得到了有关专家和技术人员的大力支持，在此一并表示感谢。

由于时间仓促，缺乏经验，如有不足之处，恳请各使用单位和个人提出宝贵意见和建议。

1+X职业技能鉴定考核指导手册

编审委员会

改版说明

1+X职业技能鉴定考核指导手册《车工（四级）》自2010年出版以来深受从业人员的欢迎，在车工（四级）职业资格鉴定、职业技能培训和岗位培训中发挥了很大的作用。

我国科技的进步、产业结构的调整、市场经济的不断发展，对车工（四级）的职业技能提出了新的要求。上海市职业技能鉴定中心组织有关方面的专家和技术人员，对车工（四级）的鉴定考核题库进行了维护并已公布使用，并按照新的车工（四级）职业技能鉴定考核题库对指导手册进行了改版，以便更好地为参加培训鉴定的学员和广大从业人员服务。

目　录

CONTENTS　1+X职业技能鉴定考核指导手册

车工职业简介

一、职业名称

车工。

二、职业定义

操作车床、进行工件车削加工的人员。

三、主要工作内容

从事的工作主要包括：(1) 安装夹具、调整车床、装夹工件；(2) 维护、保养和刃磨车刀；(3) 操作卧式车床、立式车床、数控车床等，进行具有旋转表面的圆柱体、圆柱孔、圆锥体、圆锥孔及台阶面、端面、特形面、槽、各种形式螺纹的切削加工；(4) 维护、保养机床设备及工艺装备，排除使用过程中的一般故障。

第1部分

车工（四级）鉴定方案

一、鉴定方式

车工（四级）的鉴定方式分为理论知识考试和操作技能考核。理论知识考试采用闭卷计算机机考方式，操作技能考核采用现场实际操作（及笔试）方式。理论知识考试和操作技能考核均实行百分制，成绩皆达60分及以上者为合格。理论知识或操作技能不合格者可按规定分别补考。

二、理论知识考试方案（考核时间90 min）

题库参数 / 题型	考试方式	鉴定题量	分值（分/题）	配分（分）
判断题	闭卷机考	60	0.5	30
单项选择题		140	0.5	70
小计	—	200	—	100

三、操作技能考核方案

考核项目表

<table>
<tr><td colspan="2">职业（工种）名称</td><td colspan="2" rowspan="2">车工</td><td rowspan="2">等级</td><td colspan="3" rowspan="2">四级</td></tr>
<tr><td colspan="2">职业代码</td></tr>
<tr><td>序号</td><td>项目名称</td><td>单元编号</td><td>单元内容</td><td>考核方式</td><td>选考方法</td><td>考核时间（min）</td><td>配分（分）</td></tr>
<tr><td rowspan="5">1</td><td rowspan="5">操作</td><td>1</td><td>要素组合轴一 C1－001</td><td>操作</td><td rowspan="5">抽一</td><td rowspan="5">240</td><td rowspan="5">70</td></tr>
<tr><td>2</td><td>要素组合轴二 C1－002</td><td>操作</td></tr>
<tr><td>3</td><td>要素组合轴三 C1－003</td><td>操作</td></tr>
<tr><td>4</td><td>要素组合轴四 C1－004</td><td>操作</td></tr>
<tr><td>5</td><td>要素组合轴五 C1－005</td><td>操作</td></tr>
<tr><td rowspan="5">2</td><td rowspan="5">测量测绘</td><td>1</td><td>偏心套 C2－001</td><td>操作</td><td rowspan="5">抽一</td><td rowspan="5">45</td><td rowspan="5">15</td></tr>
<tr><td>2</td><td>轴套一 C2－002</td><td>操作</td></tr>
<tr><td>3</td><td>偏心轴 C2－003</td><td>操作</td></tr>
<tr><td>4</td><td>接头 C2－004</td><td>操作</td></tr>
<tr><td>5</td><td>短轴 C2－005</td><td>操作</td></tr>
<tr><td rowspan="5">3</td><td rowspan="5">工艺编制</td><td>1</td><td>法兰盘 C2－006</td><td>笔试</td><td rowspan="5">抽一</td><td rowspan="5">45</td><td rowspan="5">15</td></tr>
<tr><td>2</td><td>轴承座 C2－007</td><td>笔试</td></tr>
<tr><td>3</td><td>输出轴 C2－008</td><td>笔试</td></tr>
<tr><td>4</td><td>可换套 C2－009</td><td>笔试</td></tr>
<tr><td>5</td><td>偏心轴 C2－010</td><td>笔试</td></tr>
<tr><td colspan="6">合计</td><td>330</td><td>100</td></tr>
<tr><td>备注</td><td colspan="7"></td></tr>
</table>

第2部分

鉴定要素细目表

职业（工种）名称					车工	等级	四级
职业代码							
序号	鉴定点代码				鉴定点内容		备注
	章	节	目	点			
	1				基础知识		
	1	1			机械制图		
	1	1	1		机械制图的基本常识		
1	1	1	1	1	制图的基础知识		
2	1	1	1	2	投影的基础知识		
3	1	1	1	3	视图的形成及其相应关系		
4	1	1	1	4	点、直线、平面的投影关系		
5	1	1	1	5	零件的测绘方法		
6	1	1	1	6	零件的尺寸标注		
7	1	1	1	7	标准件的画法		
8	1	1	1	8	螺纹连接的画法		
9	1	1	1	9	螺纹的规定画法和代号标注方法		
10	1	1	1	10	键与销的规定画法和代号标注方法		
11	1	1	1	11	齿轮的规定画法		
12	1	1	1	12	滚动轴承的规定画法和代号标注方法		
13	1	1	1	13	零件表达方法		
	1	1	2		公差与配合		

续表

职业（工种）名称					车工	等级	四级
职业代码							
序号	鉴定点代码				鉴定点内容	备注	
	章	节	目	点			
14	1	1	2	1	互换性的概念		
15	1	1	2	2	公差与配合的基础知识		
16	1	1	2	3	公差与配合的标注方法		
17	1	1	2	4	零件图的组成		
18	1	1	2	5	装配图的识读		
19	1	1	2	6	配合的种类		
20	1	1	2	7	配合的特性		
21	1	1	2	8	公差与偏差的区别		
22	1	1	2	9	机械加工精度等级		
23	1	1	2	10	基孔制和基轴制		
24	1	1	2	11	公差与配合的选用		
25	1	1	2	12	公差与配合的基本规定		
	1	1	3		几何公差		
26	1	1	3	1	几何公差的类别		
27	1	1	3	2	几何公差的项目特征		
28	1	1	3	3	几何公差的符号表示方法		
29	1	1	3	4	几何公差的标注方法		
30	1	1	3	5	几何公差的选用		
	1	1	4		表面粗糙度		
31	1	1	4	1	表面粗糙度的概念		
32	1	1	4	2	表面粗糙度的分类		
33	1	1	4	3	表面粗糙度的选用		
34	1	1	4	4	表面粗糙度的标注方法		
	1	2			常用量具的结构和使用		
	1	2	1		常用量具		
35	1	2	1	1	测量技术		

续表

职业（工种）名称					车工	等级	四级
职业代码							
序号	鉴定点代码				鉴定点内容		备注
	章	节	目	点			
36	1	2	1	2	测量方法与测量工具		
37	1	2	1	3	车工常用测量工具		
38	1	2	1	4	常见零件的测量方法		
39	1	2	1	5	几何公差的测量		
40	1	2	1	6	表面粗糙度的测量		
41	1	2	1	7	百分表的结构和使用方法		
42	1	2	1	8	2′游标万能角度尺的结构和使用方法		
43	1	2	1	9	常用量具的维护和保养知识		
	1	3			机械制造工艺		
	1	3	1		机械制造工艺概述		
44	1	3	1	1	机械制造工艺的基本概念		
45	1	3	1	2	机械制造工艺过程		
46	1	3	1	3	工艺尺寸链		
47	1	3	1	4	简单尺寸链的基础知识和计算		
48	1	3	1	5	工件的装夹		
49	1	3	1	6	加工工艺过程		
50	1	3	1	7	机械加工工艺过程		
51	1	3	1	8	各生产类型的工艺特征		
52	1	3	1	9	工艺流程的确定		
53	1	3	1	10	工艺系统		
54	1	3	1	11	机械加工精度		
55	1	3	1	12	工艺规程的基本要求		
56	1	3	1	13	加工精度和表面质量		
	1	4			刀具		
	1	4	1		刀具的概念		
57	1	4	1	1	金属切削原理及刀具		

续表

职业（工种）名称					车工	等级	四级
职业代码							
序号	鉴定点代码				鉴定点内容	备注	
	章	节	目	点			
58	1	4	1	2	常用刀具材料及用途		
59	1	4	1	3	刀具材料的基本要求		
60	1	4	1	4	刀具材料应具备的性能		
61	1	4	1	5	刀具材料的种类		
62	1	4	1	6	刀具切削部分材料的基本要求		
63	1	4	1	7	刀具切削部分的几何参数		
	1	4	2		刀具的使用		
64	1	4	2	1	车刀的种类		
65	1	4	2	2	车刀的选择		
66	1	4	2	3	成形车刀的特点		
67	1	4	2	4	刀具的工作角度		
68	1	4	2	5	刀具工作角度的选择		
69	1	4	2	6	硬质合金可转位刀具的特点		
70	1	4	2	7	机夹刀具的使用注意事项		
	1	4	3		车刀基本角度		
71	1	4	3	1	车刀六个基本角度的选择原则		
72	1	4	3	2	前角的选择		
73	1	4	3	3	后角的选择		
74	1	4	3	4	主、副偏角的选择		
75	1	4	3	5	刃倾角的选择		
76	1	4	3	6	负倒棱的作用及选择		
77	1	4	3	7	车刀装夹高度对前角、后角的影响		
	1	4	4		麻花钻		
78	1	4	4	1	麻花钻的特点		
79	1	4	4	2	麻花钻的结构和几何参数		
80	1	4	4	3	麻花钻的组成部分		
81	1	4	4	4	麻花钻工作部分的几何参数		

续表

职业（工种）名称					车工	等级	四级
职业代码							
序号	鉴定点代码				鉴定点内容	备注	
	章	节	目	点			
82	1	4	4	5	麻花钻的安装方法		
83	1	4	4	6	麻花钻的切削用量和切削液		
84	1	4	4	7	麻花钻的修磨方法		
	1	4	5		金属切削		
85	1	4	5	1	金属切削原理		
86	1	4	5	2	金属切削过程		
87	1	4	5	3	金属切削过程的要求		
88	1	4	5	4	切削力在切削加工中的应用		
89	1	4	5	5	车削加工所具备的运动		
90	1	4	5	6	车削工件形成的三个表面		
91	1	4	5	7	切削加工的基本知识		
92	1	4	5	8	切削液的分类、作用及选择		
93	1	4	5	9	切削用量三要素的定义与计算		
94	1	4	5	10	粗加工切削用量的选择		
95	1	4	5	11	精加工切削用量的选择		
96	1	4	5	12	切削用量的选择原则		
97	1	4	5	13	切削热		
98	1	4	5	14	切削力及影响切削力的因素		
99	1	4	5	15	切削热及其对切削过程的影响		
100	1	4	5	16	扩孔与车孔的区别		
101	1	4	5	17	车削加工精度		
102	1	4	5	18	刀具磨损形式		
103	1	4	5	19	刀具磨钝标准		
104	1	4	5	20	影响刀具寿命的因素		
105	1	4	5	21	影响工件表面粗糙度值的因素		
106	1	4	5	22	减小工件表面粗糙度值的方法		

续表

职业（工种）名称					车工	等级	四级
职业代码							
序号	鉴定点代码				鉴定点内容		备注
	章	节	目	点			
107	1	4	5	23	加工表面质量		
	1	4	6		其他切削知识		
108	1	4	6	1	数控机床		
109	1	4	6	2	磨削的基础知识		
110	1	4	6	3	砂轮的选用		
111	1	4	6	4	砂轮种类的选择		
112	1	4	6	5	机械加工精度		
	1	5			电工学		
	1	5	1		电工常识		
113	1	5	1	1	电动机的种类		
114	1	5	1	2	常用低压电器的名称		
115	1	5	1	3	常用低压电器的工作原理和作用		
116	1	5	1	4	机床上常用的电器装置		
117	1	5	1	5	熔断器的种类		
118	1	5	1	6	继电器的种类		
119	1	5	1	7	常用继电器		
120	1	5	1	8	安全用电的常识		
121	1	5	1	9	触电急救知识		
	1	6			传动知识		
	1	6	1		机械传动		
122	1	6	1	1	机器、机构和运动副的概念及定义		
123	1	6	1	2	带传动的工作原理和传动特点		
124	1	6	1	3	螺旋传动的工作原理和传动特点		
125	1	6	1	4	链传动的工作原理和传动特点		
126	1	6	1	5	齿轮传动的工作原理和传动特点		
127	1	6	1	6	传动比的概念和计算方法		

续表

职业（工种）名称					车工	等级	四级
职业代码							
序号	鉴定点代码				鉴定点内容	备注	
	章	节	目	点			
128	1	6	1	7	直齿圆柱齿轮的几何尺寸计算		
	1	6	2		气压传动		
129	1	6	2	1	气压传动的工作原理		
130	1	6	2	2	气压传动的组成		
131	1	6	2	3	气缸的种类		
132	1	6	2	4	气动马达		
133	1	6	2	5	方向控制阀的工作原理		
134	1	6	2	6	方向控制阀的种类		
135	1	6	2	7	压力控制阀的工作原理		
136	1	6	2	8	流量控制阀的工作原理		
137	1	6	2	9	流量控制阀的种类		
138	1	6	2	10	减压阀		
139	1	6	2	11	安全阀		
	1	6	3		液压传动		
140	1	6	3	1	液压传动的基础知识		
141	1	6	3	2	液压传动的基本概念		
142	1	6	3	3	液压传动中流量、压力的概念		
143	1	6	3	4	液压传动的压力和流量损失		
144	1	6	3	5	液压传动的基本原理		
145	1	6	3	6	液压传动的主要元件		
146	1	6	3	7	液压传动的辅助元件		
147	1	6	3	8	常用液压油		
148	1	6	3	9	液压回路		
149	1	6	3	10	液压系统的维护		
	1	7			金属材料与热处理的基础知识		
	1	7	1		金属材料的基础知识		

续表

职业（工种）名称					车工	等级	四级
职业代码							
序号	鉴定点代码				鉴定点内容	备注	
	章	节	目	点			
150	1	7	1	1	金属材料的物理性能和力学性能		
151	1	7	1	2	碳素钢的种类、牌号		
152	1	7	1	3	合金钢的种类、牌号		
153	1	7	1	4	铸铁的种类、牌号		
154	1	7	1	5	常用有色金属的种类、牌号		
	1	7	2		热处理的基础知识		
155	1	7	2	1	退火的概念		
156	1	7	2	2	钢的退火及其目的		
157	1	7	2	3	淬火的概念		
158	1	7	2	4	钢的正火和淬火及其目的		
159	1	7	2	5	常见淬火应用		
160	1	7	2	6	表面淬火的种类		
161	1	7	2	7	表面淬火的应用		
162	1	7	2	8	钢的表面淬火及其特点		
163	1	7	2	9	回火的概念		
164	1	7	2	10	回火的种类		
165	1	7	2	11	回火的应用		
166	1	7	2	12	钢的回火及其目的		
167	1	7	2	13	钢的调质处理		
168	1	7	2	14	钢的化学热处理的概念		
169	1	7	2	15	渗碳的目的		
170	1	7	2	16	渗碳后的热处理		
171	1	7	2	17	渗碳用钢的成分		
172	1	7	2	18	渗碳用钢的特点		
173	1	7	2	19	碳氮共渗的概念		
174	1	7	2	20	其他表面处理技术的应用		

续表

职业（工种）名称					车工	等级	四级
职业代码							
序号	鉴定点代码				鉴定点内容		备注
	章	节	目	点			
175	1	7	2	21	钢的表面热处理及其特点		
	2				专业知识		
	2	1			车削		
	2	1	1		车削的基本知识		
176	2	1	1	1	切削方式		
177	2	1	1	2	切削层参数		
178	2	1	1	3	车削过程		
179	2	1	1	4	积屑瘤对工件表面粗糙度的影响		
180	2	1	1	5	积屑瘤对切削加工的影响		
181	2	1	1	6	减少积屑瘤产生的措施		
182	2	1	1	7	加工表面硬化		
183	2	1	1	8	特种金属材料与非金属材料的车削		
184	2	1	1	9	车削时各分力的实际意义		
185	2	1	1	10	影响切削力的因素		
186	2	1	1	11	切削热对加工的影响		
187	2	1	1	12	影响切削温度的因素		
188	2	1	1	13	切削温度的测定		
189	2	1	1	14	车削加工中选择切削用量的一般原则		
190	2	1	1	15	切削液的选用		
191	2	1	1	16	常用切削液		
192	2	1	1	17	切削液对工件表面质量的影响		
	2	1	2		车削的基本内容		
193	2	1	2	1	零件的外圆车削加工		
194	2	1	2	2	零件的车孔加工		
195	2	1	2	3	圆锥面的应用		
196	2	1	2	4	圆锥面的基本概念		

续表

职业（工种）名称					车工	等级	四级
职业代码							
序号	鉴定点代码				鉴定点内容	备注	
	章	节	目	点			
197	2	1	2	5	标准圆锥的种类		
198	2	1	2	6	圆锥各部分的计算		
199	2	1	2	7	圆锥面的车削方法		
200	2	1	2	8	斜度和锥度的计算方法		
201	2	1	2	9	圆锥孔的车削方法		
202	2	1	2	10	尾座偏移量的计算		
203	2	1	2	11	铰圆锥孔的方法		
204	2	1	2	12	车圆锥产生双曲线的原因		
205	2	1	2	13	圆锥的精度与检验方法		
206	2	1	2	14	成形面的车削方法		
	2	1	3		普通螺纹车削		
207	2	1	3	1	普通螺纹的种类		
208	2	1	3	2	普通螺纹主要尺寸的计算		
209	2	1	3	3	普通螺纹的加工方法		
210	2	1	3	4	普通螺纹车刀的选择与应用		
211	2	1	3	5	普通螺纹车削产生废品的原因及预防方法		
212	2	1	3	6	用板牙和丝锥切削螺纹		
	2	1	4		梯形螺纹车削		
213	2	1	4	1	梯形螺纹的名称		
214	2	1	4	2	梯形螺纹主要尺寸的计算		
215	2	1	4	3	梯形螺纹的加工方法		
216	2	1	4	4	梯形螺纹车刀的选择与应用		
217	2	1	4	5	梯形螺纹的测量		
	2	1	5		蜗杆车削		
218	2	1	5	1	蜗杆的用途和分类		
219	2	1	5	2	蜗杆的主要参数及计算		

续表

职业（工种）名称					车工	等级	四级
职业代码							
序号	鉴定点代码				鉴定点内容		备注
	章	节	目	点			
220	2	1	5	3	蜗杆加工的车刀及其装夹方法		
221	2	1	5	4	螺纹升角对车刀工作角度的影响		
222	2	1	5	5	车刀前角对牙型角的影响		
223	2	1	5	6	蜗杆车削方法		
	2	1	6		多线螺纹车削		
224	2	1	6	1	多线螺纹的概念		
225	2	1	6	2	多线螺纹的尺寸计算		
226	2	1	6	3	多线螺纹的分线方法		
227	2	1	6	4	多线螺纹的车削步骤		
228	2	1	6	5	多线螺纹的测量方法		
229	2	1	6	6	正确判断螺纹乱牙		
230	2	1	6	7	车螺纹的交换齿轮计算		
	2	2			机床夹具与定位		
	2	2	1		定位基准的选择		
231	2	2	1	1	基准选择		
232	2	2	1	2	工件六点定位原理		
233	2	2	1	3	完全定位的应用		
234	2	2	1	4	部分定位的应用		
235	2	2	1	5	重复定位的应用		
236	2	2	1	6	欠定位的分析		
237	2	2	1	7	工件的定位装置		
238	2	2	1	8	工件的定位误差		
239	2	2	1	9	工件的定位和装夹		
240	2	2	1	10	轴类零件定位基准的选择		
241	2	2	1	11	套类零件定位基准的选择		
	2	2	2		夹具的概念及作用		

续表

<table>
<tr><td colspan="5">职业（工种）名称</td><td>车工</td><td rowspan="2">等级</td><td rowspan="2">四级</td></tr>
<tr><td colspan="5">职业代码</td><td></td></tr>
<tr><td rowspan="2">序号</td><td colspan="4">鉴定点代码</td><td rowspan="2" colspan="2">鉴定点内容</td><td rowspan="2">备注</td></tr>
<tr><td>章</td><td>节</td><td>目</td><td>点</td></tr>
<tr><td>242</td><td>2</td><td>2</td><td>2</td><td>1</td><td colspan="2">夹紧力的三要素</td><td></td></tr>
<tr><td>243</td><td>2</td><td>2</td><td>2</td><td>2</td><td colspan="2">夹紧力的大小与作用点</td><td></td></tr>
<tr><td>244</td><td>2</td><td>2</td><td>2</td><td>3</td><td colspan="2">夹紧装置的基本要求</td><td></td></tr>
<tr><td>245</td><td>2</td><td>2</td><td>2</td><td>4</td><td colspan="2">夹紧机构</td><td></td></tr>
<tr><td>246</td><td>2</td><td>2</td><td>2</td><td>5</td><td colspan="2">软卡爪的正确使用</td><td></td></tr>
<tr><td>247</td><td>2</td><td>2</td><td>2</td><td>6</td><td colspan="2">两种常用心轴的特点</td><td></td></tr>
<tr><td>248</td><td>2</td><td>2</td><td>2</td><td>7</td><td colspan="2">保证套类零件同轴度和垂直度的方法</td><td></td></tr>
<tr><td>249</td><td>2</td><td>2</td><td>2</td><td>8</td><td colspan="2">机床夹具的概念</td><td></td></tr>
<tr><td>250</td><td>2</td><td>2</td><td>2</td><td>9</td><td colspan="2">机床夹具的组成</td><td></td></tr>
<tr><td>251</td><td>2</td><td>2</td><td>2</td><td>10</td><td colspan="2">机床夹具的作用</td><td></td></tr>
<tr><td>252</td><td>2</td><td>2</td><td>2</td><td>11</td><td colspan="2">机床夹具各元件的作用</td><td></td></tr>
<tr><td>253</td><td>2</td><td>2</td><td>2</td><td>12</td><td colspan="2">组合夹具</td><td></td></tr>
<tr><td>254</td><td>2</td><td>2</td><td>2</td><td>13</td><td colspan="2">自动定心夹紧机构</td><td></td></tr>
<tr><td>255</td><td>2</td><td>2</td><td>2</td><td>14</td><td colspan="2">车床夹具设计</td><td></td></tr>
<tr><td></td><td>2</td><td>3</td><td></td><td></td><td colspan="2">复杂工件的装夹和车削</td><td></td></tr>
<tr><td></td><td>2</td><td>3</td><td>1</td><td></td><td colspan="2">在花盘上加工复杂零件</td><td></td></tr>
<tr><td>256</td><td>2</td><td>3</td><td>1</td><td>1</td><td colspan="2">在花盘上装夹工件和校正的方法</td><td></td></tr>
<tr><td>257</td><td>2</td><td>3</td><td>1</td><td>2</td><td colspan="2">在花盘角铁上装夹工件和校正的方法</td><td></td></tr>
<tr><td>258</td><td>2</td><td>3</td><td>1</td><td>3</td><td colspan="2">在花盘角铁上保证工件几何公差的方法</td><td></td></tr>
<tr><td></td><td>2</td><td>3</td><td>2</td><td></td><td colspan="2">偏心工件车削</td><td></td></tr>
<tr><td>259</td><td>2</td><td>3</td><td>2</td><td>1</td><td colspan="2">偏心工件的概念</td><td></td></tr>
<tr><td>260</td><td>2</td><td>3</td><td>2</td><td>2</td><td colspan="2">偏心工件的车削方法</td><td></td></tr>
<tr><td>261</td><td>2</td><td>3</td><td>2</td><td>3</td><td colspan="2">用三爪自定心卡盘装夹偏心工件时垫块的计算</td><td></td></tr>
<tr><td>262</td><td>2</td><td>3</td><td>2</td><td>4</td><td colspan="2">测量偏心距的方法</td><td></td></tr>
<tr><td></td><td>2</td><td>3</td><td>3</td><td></td><td colspan="2">其他复杂零件的加工</td><td></td></tr>
<tr><td>263</td><td>2</td><td>3</td><td>3</td><td>1</td><td colspan="2">防止和减小薄壁工件变形的方法</td><td></td></tr>
</table>

续表

职业（工种）名称					车工	等级	四级
职业代码							
序号	鉴定点代码				鉴定点内容		备注
	章	节	目	点			
264	2	3	3	2	细长轴车削的特点		
265	2	3	3	3	中心架、跟刀架的使用		
266	2	3	3	4	加工细长轴容易出现的问题		
267	2	3	3	5	解决细长轴加工问题的措施		
268	2	3	3	6	深孔加工的关键技术问题		
269	2	3	3	7	深孔加工的排屑方式		
	2	4			CA6140 型卧式车床		
	2	4	1		车床的传动系统		
270	2	4	1	1	机床型号的含义		
271	2	4	1	2	CA6140 型卧式车床的主要技术参数		
272	2	4	1	3	车床主轴传动系统		
273	2	4	1	4	进给箱传动系统		
274	2	4	1	5	车米制螺纹和米制蜗杆的传动路线		
275	2	4	1	6	车扩大螺距、非标准和精密螺纹的传动路线		
276	2	4	1	7	溜板箱的结构		
	2	4	2		车床的结构		
277	2	4	2	1	双向多片式摩擦离合器的作用及调整		
278	2	4	2	2	制动装置的作用及调整		
279	2	4	2	3	超越离合器的作用		
280	2	4	2	4	安全离合器的作用		
281	2	4	2	5	互锁机构的作用		
282	2	4	2	6	开合螺母的作用		
283	2	4	2	7	中滑板丝杆螺母的间隙调整		
	3				相关知识		
	3	1			机床操作规程及安全文明生产		
	3	1	1		机床操作规程		

续表

职业（工种）名称					车工	等级	四级
职业代码							
序号	鉴定点代码				鉴定点内容	备注	
	章	节	目	点			
284	3	1	1	1	金属切削机床的润滑		
285	3	1	1	2	金属切削机床的维护保养		
286	3	1	1	3	金属切削机床的操作注意事项		
	3	1	2		安全文明生产		
287	3	1	2	1	车削加工安全知识		
288	3	1	2	2	机械设备安全技术		
289	3	1	2	3	消防知识		
290	3	1	2	4	一般起吊安全知识		
291	3	1	2	5	文明生产知识		
	3	2			机加工		
	3	2	1		磨削		
292	3	2	1	1	磨削的特点		
293	3	2	1	2	内外圆磨削基础知识		
294	3	2	1	3	平面磨削形式		
295	3	2	1	4	光整加工基础知识		
	3	2	2		其他机加工		
296	3	2	2	1	铣削加工基础知识		
297	3	2	2	2	刨插加工基础知识		
298	3	2	2	3	镗削加工基础知识		
	3	3			生产技术管理		
	3	3	1		生产技术管理的内容		
299	3	3	1	1	企业生产准备和组织		
300	3	3	1	2	全面质量管理基础知识		
301	3	3	1	3	生产技术管理基础知识		
302	3	3	1	4	设备工具管理基础知识		
303	3	3	1	5	生产过程、工艺过程、工艺规程		

第3部分

理论知识复习题

基础知识

一、判断题（将判断结果填入括号中。正确的填“√”，错误的填“×”）

1. 表达零件内部结构可采用剖视图，剖视图有全剖、半剖、局部剖三种。（　　）

2. 平行于 V 面的直线是水平线。（　　）

3. 过空间两条相交直线的平面有且只有一个。（　　）

4. 对现有的零件实物进行绘制、测量和确定技术要求的过程，称为零件测绘。（　　）

5. 标注尺寸合理是指所标注尺寸要便于零件的加工和检验。（　　）

6. 国标规定，在剖视图中表示螺纹连接时，其旋合部分应按外螺纹的画法表示，非旋合部分仍按各自的画法表示。（　　）

7. 螺纹标注中，左旋螺纹可以不标注旋向。（　　）

8. 在齿轮的规定画法中，分度圆和分度线用细实线绘制。（　　）

9. 6000 型轴承是推力球轴承。（　　）

10. 平面度属于位置公差。（　　）

11. 表面粗糙度值越小，其表面光洁程度越高。（　　）

12. 表面粗糙度不是零件质量的技术指标。（　　）

13. 零件图由一组图形、完整的尺寸、技术要求及标题栏组成。（　　）

14. 过渡配合是可能具有间隙或过盈的配合。（　　）

15. 公称尺寸相同的、相互结合的孔和轴公差带之间的关系称为配合。（　　）

16. 基孔制的基准孔，其下极限偏差为零，基本偏差代号为 H。（　　）

17. 基本偏差为一定的孔的公差带与不同基本偏差的轴的公差带形成各种配合的一种制度，称为基轴制配合。（　　）

18. 基轴制配合的轴称为基准轴，其基本偏差代号为 h，上极限偏差为零。（　　）

19. 配合公差等于互相配合的孔公差与轴公差之差。（　　）

20. 极限偏差是允许尺寸变化的两个界限值，它以实际尺寸为基数。（　　）

21. 几何公差分为 20 个公差等级。（　　）

22. 公差带的方向即公差带放置的方向，由被测要素与基准的几何关系（垂直、平行或倾斜任一角度）确定。（　　）

23. 在图样上给定几何公差时，应选择和确定几何公差的项目、基准、公差数值等。（　　）

24. 当位置公差的两要素（被测要素和基准要素）允许互换时，即为任选基准时，就不再画基准符号，两边都用箭头表示。（　　）

25. 零件表面上具有的较小间距和峰谷的微观几何形状特性，称为表面粗糙度。（　　）

26. 零件表面粗糙度的选择应该既满足零件表面的技术要求，又考虑加工合理。（　　）

27. 表面粗糙度代号应注在可见轮廓线、尺寸界线、引出线或它们的延长线上，并尽可能地靠近有关尺寸线。（　　）

28. 互换性，即从同一规格的一批零件中任取一件，经过修配就能装到机器或部件上，并能保证符合使用要求。（　　）

29. 在机械制造中，技术测量主要是对零件几何参数进行测量和检验。（　　）

30. 千分尺可用来测量任何零件的尺寸。（　　）

31. 测量零件尺寸时，应根据零件尺寸的精确程度选用相应的量具。（　　）

32. 表面粗糙度的测量方法分为检测法、非接触测量法和接触测量法三类。（　　）

33. 百分表的精度分为 0 级和 1 级两种，0 级精度最高。（　　）

34. 游标万能角度尺可测量 0°～360°范围内的所有角度。（　　）

35. 游标万能角度尺仅装上角尺时，可测量 0°～230°范围内的角度。（　　）

36. 调质处理是指淬火和高温回火相结合的一种工艺。（　）

37. 半精加工阶段是继续减小加工余量、为精加工做准备、主要面加工的阶段。（　）

38. 在机器装配或零件加工过程中，由相互连接的尺寸形成的封闭尺寸组称为尺寸链。（　）

39. 封闭环的公差等于所有组成环公差之差。（　）

40. 工艺过程是指生产过程中直接改变生产对象的形状、尺寸、相对位置和性质，使其成为成品或半成品的过程。（　）

41. 机械加工工艺过程由工序、工步、工位、走刀和安装五个部分组成。（　）

42. 在机械加工中，采用设计基准作为定位基准，符合基准统一原则。（　）

43. 如果毛坯余量较大且不均匀或精度要求较高，可不分加工阶段，一道工序加工成形即可。（　）

44. 工艺规程是规定产品或零部件制造工艺过程和操作方法等的工艺文件。（　）

45. 零件的表面粗糙度值越小，越易于加工。（　）

46. 任何加工方法所得到的实际参数都不会绝对准确，从零件的功能看，只要加工误差在零件图要求的误差范围内，就认为保证了加工精度。（　）

47. 一般刀具材料越硬，刀具越锋利。（　）

48. 高速钢适合于制造形状复杂的刀具及精加工刀具。（　）

49. 陶瓷不能作为切削刀具材料。（　）

50. 选择合理的刀具几何角度，能提高生产率。（　）

51. 工件上经刀具切削后形成的表面是过渡表面。（　）

52. 在粗加工的条件下，一般都会采用效率优先原则。（　）

53. 外圆车刀装得高于工件中心，会使实际工作前角增大，实际工作后角减小。（　）

54. 刀具切削部分的几何参数对切削过程中的金属变形、切削力、切削温度、工件的加工质量没有显著影响。（　）

55. 切削非金属材料时，刀具前角要磨得非常大。（　）

56. 精车时，由于背吃刀量和进给量都较小，所以刀具后角应磨得小点。（　）

57. 刀具主偏角减小会增加径向切削分力。（　）

58. 刀具上负倒棱的作用主要是增加切削刃的强度。（　　）

59. 内孔车刀装得高于工件中心，会使实际工作前角增大，实际工作后角减小。（　　）

60. 麻花钻接近横刃处有近30°的负前角，应修磨掉。（　　）

61. 麻花钻在主切削刃上的前角是变化的，靠外缘处前角最大，从外缘到中心逐渐减小，接近横刃处的前角为－30°。（　　）

62. 麻花钻在主切削刃上的前角是恒定不变的。（　　）

63. 锥柄钻头可以插在专用工具锥孔中，专用工具部分夹在刀架中，调整好高度后，就可用自动进给钻孔。（　　）

64. 麻花钻刃磨时，只要两条主切削刃长度相等即可。（　　）

65. 新的硬质合金可转位刀片是不能直接进行车削的。（　　）

66. 金属切削过程是指在刀具和切削力的作用下形成切屑的过程。（　　）

67. 对塑性金属进行切削时，切屑的形成过程就是切削层金属的变形过程。（　　）

68. 车细长轴时为了减小径向力，要采用较大的主偏角。（　　）

69. 在切削运动中，速度较高、消耗切削功率较大的运动是进给运动。（　　）

70. 工件上已经切去多余金属而形成的新表面称为过渡表面。（　　）

71. 切削过程主要是指被切削材料受挤压、变形和剥离的过程。（　　）

72. 乳化液主要用来减小切削过程中的摩擦和降低切削温度。（　　）

73. 切削用量是表示主运动及进给运动速度的参数。（　　）

74. 当背吃刀量与进给量增大时，切削时产生的切削热和切削力都较大，所以应适当增大切削速度。（　　）

75. 用硬质合金车刀精车，应尽可能地降低切削速度。（　　）

76. 切削产生的热量主要是由切屑带走的。（　　）

77. 总切削力的计算公式为$F=\sqrt{F_c^2+F_p^2+F_f^2}$。（　　）

78. 车孔是常用的孔加工方法之一，只可以做粗加工，加工范围很广。（　　）

79. 车刀前面磨损主要是其与切屑摩擦造成的。（　　）

80. 即使刀具磨损量已超过磨损极限，刀具还可以继续使用。（　　）

81. 粗车中，刀具磨钝了，还可以继续使用。（　　）

82. 车出的外圆有锥度是由机床导轨磨损引起的，也可能是由车刀磨损引起的。（ ）

83. 数控机床重新开机后，一般需先回机床零点。（ ）

84. 一般，磨削精度可达 IT6～IT5，表面粗糙度可达 $Ra0.8 \sim 0.2\ \mu m$。（ ）

85. 氧化铝砂轮适用于刃磨高速钢车刀和硬质合金车刀的刀柄部分。（ ）

86. 粒度越小，表示砂轮的磨料越细。（ ）

87. 机械加工后，零件的尺寸、形状、位置等参数的实际值与设计理想值的符合程度称为机械加工精度。（ ）

88. 电动机的种类有很多，按使用的电源分，有直流电动机和交流电动机两种。（ ）

89. 速度继电器的作用是与接触器配合，实现对电动机的反接制动。（ ）

90. 熔断器按结构形式分为封闭插入式、无填料封闭管式、有填料封闭管式、自复式四类。（ ）

91. 继电器按输出方式可分为有触点式和无触点式两类。（ ）

92. 按极数划分，热继电器可分为单极、两极和三极三种形式。（ ）

93. 手电钻、电风扇等电气设备的金属外壳都必须有专用的接零导线。（ ）

94. 行程速比系数 K 的大小表达了机构的急回特性，K 值越大，急回特性就越明显。（ ）

95. 两带轮直径之差越大，则包角越小，所以传动比不宜过小。（ ）

96. 链传动的瞬时传动比是一个常数。（ ）

97. 渐开线上各点的曲率半径是变化的，离基圆越远，其曲率半径越小。（ ）

98. 齿轮传动的瞬时传动比是恒定的。（ ）

99. 气压传动是研究以有压流体为能源介质，实现各种机械传动和手动控制的学科。（ ）

100. 气动执行元件是在气动系统中将压缩空气的压力能转变成机械能的元件。（ ）

101. 气缸按活塞端面受压状态可分为普通气缸和特殊气缸。（ ）

102. 方向控制阀是控制压缩空气流动方向以控制执行元件动作的一类气动执行元件。（ ）

103. 按控制方式的不同，方向阀分为手动控制、气动控制、电动控制、机动控制、电气控制等类型。（ ）

104. 压力控制阀是利用压缩空气作用在阀芯上的力和弹簧力相抵消的原理进行工作的。（ ）

105. 节流阀属于流量控制阀。（ ）

106. 压缩空气站的压力通常高于每台装置所需的工作压力，且压力波动较大，因此在系统入口处需要安装一个具有减压、稳压作用的元件，即安全阀。（ ）

107. 在气压系统中，为防止管路、气罐等破坏，应限制回路中的最高压力，此时应采用安全阀。（ ）

108. 液压传动不易实现过载保护。（ ）

109. 液压传动是以机油为工作介质进行能量传递和控制的一种传动形式。（ ）

110. 在一粗细不等的管道中，横截面积小的部位流速较高，液体的压力就较低；反之，压力就较高。（ ）

111. 液压传动由于采用油液作为工作介质，元件相对运动表面间能自行润滑，所以磨损小、使用寿命长。（ ）

112. 液压系统主要由动力元件、执行元件、控制元件、辅助元件和工作介质五部分组成。（ ）

113. 液压系统辅助元件包括油箱、滤油器、油管及管接头、密封圈、压力表、油位油温计等。（ ）

114. 增压回路的增压比取决于大、小缸口的直径比。（ ）

115. 检查滤清器滤网上的附着物时，若金属粉末过多，往往标志着油泵磨损或油缸拉缸。（ ）

116. 工件经锻压加工后必须进行完全退火，才适于切削加工。（ ）

117. 金属中化学成分的纯度越高，碳和合金元素的含量越少，它的可锻性就越差。（ ）

118. 20 钢可用来制造齿轮、摩擦片等需耐磨又需保持高韧性的零件。（ ）

119. Cr13 不属于不锈钢材料。（ ）

120. 球墨铸铁的耐磨性、减振性都较好，但铸造性比钢差。（ ）

121. 铝镁合金的耐腐蚀性好、密度小、强度高，铸造性也较好。（ ）

122. 黄铜的耐腐蚀性较好，但耐酸性较差。（ ）

123. 去应力退火（又称低温退火）可消除应力，使钢的组织发生变化。（ ）

124. 淬火热处理一般安排在粗加工之后、精加工之前。（ ）

125. 常用的淬火冷却介质有盐水、水、矿物油、空气等。（ ）

126. 调质处理的目的是获得均匀细小的奥氏体组织。（ ）

127. 模具零件淬火后马上进行回火处理，可提高钢的韧性、延长模具的使用寿命。（ ）

128. 将淬火后的零件加热到临界点以下的一定温度，在该温度下停留一段时间，然后空冷至室温的操作过程称为回火。（ ）

129. 正火的目的是降低钢的硬度，以便切削加工。（ ）

130. 低温回火主要用于硬度为50～62HRC的各类高碳钢零件。（ ）

131. 表面淬火后，工件表层得到高硬度而中心部分还是原来的组织。（ ）

132. 表面淬火后，工件表面耐磨且不易发生疲劳破坏，而中心部分则有足够的硬度和韧性。（ ）

133. 化学表面热处理的主要特征是通过加热使某些元素渗入工件表面，以改变零件表面的化学成分和组织性能。（ ）

134. 渗碳是为了提高零件表面含碳量，在淬火加回火的热处理后，得到耐腐蚀性和耐磨性高的表面及韧性良好的中心组织。（ ）

135. 工件渗碳后的热处理工艺通常为淬火和低温回火。（ ）

136. 对于以提高耐磨性为主的渗碳，一般选用专用渗碳钢40Cr、42CrMo。（ ）

137. 碳氮共渗就是在一定温度下分别向零件表面渗入碳和氮的化学热处理工艺。（ ）

138. 表面淬火主要有感应加热和火焰加热两种。（ ）

二、单项选择题（选择一个正确的答案，将相应的字母填入题内的括号中）

1. 采用放大或缩小比例绘制图样，其尺寸应注（　）。

A. 图形尺寸　　B. 实物尺寸

C. 图形尺寸或实物尺寸　　D. 以上都不对

2. 图样上所标注的尺寸是(　　)。

A. 增大比例的尺寸　B. 缩小比例的尺寸　C. 机件的实际尺寸　D. 随意尺寸

3. 正投影的投射线与投影面相互(　　)。

A. 平行　B. 倾斜　C. 垂直　D. 交叉

4. 正投影所得投影与实际物体相比，是(　　)的。

A. 较大　B. 较小　C. 一样　D. 以上都对

5. 垂直于 V 面的直线是(　　)。

A. 铅垂线　B. 侧垂线　C. 正垂线　D. 正平线

6. 由上向下“正对着”物体投影，所得的视图为(　　)。

A. 主视图　B. 俯视图　C. 左视图　D. 右视图

7. 由前向后投影，在正投影面上所得的视图为(　　)。

A. 主视图　B. 俯视图　C. 左视图　D. 右视图

8. 在三投影面体系中，直线按其与投影面的相对位置可分为投影面平行线、投影面垂直线和(　　)三种。

A. 一般位置直线　　B. 投影面水平线

C. 一般位置平行线　　D. 一般位置水平线

9. 在三投影面体系中，平面与投影面的相对位置有三种：投影面平行面、投影面垂直面和(　　)。

A. 一般位置垂直面　　B. 一般位置平面

C. 一般位置水平面　　D. 投影面水平面

10. 用 n 个互相平行的剖切平面剖开机件，形成的视图称为（　　）剖视图。

A. 全　B. 半　C. 阶梯　D. 旋转

11. 确定绘图比例，按所确定的表达方案画出零件的内、外结构，应先画主要形体、后画次要形体，先画主要轮廓、后画(　　)。

A. 形状　B. 主要形体　C. 细节　D. 定位

12. 标注尺寸合理是指所标注尺寸既要满足设计使用要求，又能符合工艺要求，便于零件的加工和（　　）。

A. 设计　　B. 基准要求　　C. 测量　　D. 检验

13. 标注尺寸时从（　　）出发，其优点是标注的尺寸反映了工艺要求，使零件便于制造、加工和测量。

A. 便于零件的加工　　B. 设计使用要求

C. 设计基准　　D. 工艺基准

14. 标注尺寸的起点称为（　　）。

A. 尺寸基准　　B. 加工基准

C. 设计基准　　D. 工艺基准

15. 在垂直于螺纹轴线投影面的视图中，表示牙底的细实线圆只画约（　　）圈，此时轴或孔上的倒角省略不画。

A. 1/4　　B. 3/4　　C. 1/2　　D. 1

16. 标注尺寸时，必须遵守齐全、（　　）、合理的原则。

A. 清晰　　B. 满足设计使用要求

C. 符合工艺要求　　D. 便于零件加工

17. 图样中，螺纹的底径用（　　）绘制。

A. 粗实线　　B. 细点画线　　C. 细实线　　D. 虚线

18. 普通螺纹的公称直径是指螺纹的（　　）。

A. 小径　　B. 中径　　C. 底径　　D. 大径

19. 画外螺纹时，小径用（　　）表示。

A. 粗实线　　B. 细实线　　C. 点画线　　D. 虚线

20. M16 粗牙螺纹的螺距是（　　）mm。

A. 1.5　　B. 1.75　　C. 2　　D. 2.5

21. 键主要用来连接轴和轴上的传动件，起传递（　　）的作用。

A. 动力　　B. 压力　　C. 转矩　　D. 力矩

22. 应用最广泛的花键是（　　）花键。

A. 三角形　　B. 矩形　　C. 锯齿形　　D. 渐开线形

23. 键主要用来连接轴和轴上的(　　)，起传递转矩的作用。

A. 连接件　　B. 传动件　　C. 组合件　　D. 动力件

24. 分度圆圆周上相邻两对应点之间的弧长称为(　　)。

A. 齿高　　B. 齿深　　C. 齿距　　D. 模数

25. 分度圆直径的计算公式是(　　)。

A. $d=2mz$　　B. $d=mz/2$　　C. $d=mz$　　D. $d=mz-h/2$

26. 主要承受径向载荷的是(　　)。

A. 深沟球轴承　　B. 推力球轴承

C. 角接触球轴承　　D. 圆锥滚子轴承

27. (　　)规定了滚动轴承的画法。

A. GB/T 272—2017　　B. GC/T 272—2017

C. GB/T 4459.7—2017　　D. GC/T 4459.7—2017

28. 在装配图的读图方法中，首先要看(　　)，以了解部件的名称。

A. 零件图　　B. 明细表　　C. 标题栏　　D. 技术文件

29. 在表示球体形状时，只需在尺寸标注时加注(　　)符号，用一个视图就可以表达清楚。

A. R　　B. ϕ　　C. $S\phi$　　D. O

30. 同轴度属于(　　)。

A. 形状公差　　B. 形状公差或位置公差

C. 位置公差　　D. 定向公差

31. 面轮廓度属于(　　)。

A. 形状公差　　B. 形状公差或位置公差

C. 位置公差　　D. 定向公差

32. 图样上，符号“⊥”用于标注(　　)。

A. 垂直度　　B. 直线度　　C. 尺寸偏差　　D. 圆柱度

33. (　　)不属于几何公差代号。

A. 几何公差特征项目符号　　B. 几何公差框格和指引线

C. 几何公差数值　　D. 公称尺寸

34. 被测要素为轴线或中心平面时，指引线箭头应与该要素的尺寸线（　　）。

A. 垂直　　B. 平行　　C. 倾斜　　D. 对齐

35. 在表面粗糙度基本评定参数中，标准优先选用（　　）。

A. *Ra*　　B. *Rz*　　C. *Ry*　　D. *Rb*

36. 在车间生产中，常用（　　）与加工出来的零件表面进行比较，凭视觉和触觉来判断零件表面粗糙度是否符合要求。

A. 国家标准　　B. 量块

C. 表面粗糙度比较样块　　D. 游标卡尺

37. 一张完整的装配图主要包括一组视图、必要的尺寸、标题栏与明细栏、（　　）。

A. 配合尺寸　　B. 技术要求　　C. 几何公差　　D. 尺寸公差

38. 在工厂车间中，常用与表面粗糙度比较样块相比较的方法来检验零件的（　　）。

A. 形状尺寸　　B. 外形结构　　C. 表面粗糙度　　D. 几何误差

39. 零件图由一组视图、完整的尺寸、技术要求及（　　）组成。

A. 国家标准　　B. 标题栏

C. 表面粗糙度符号　　D. 直线

40. 技术要求包括尺寸公差、表面粗糙度及（　　）。

A. 图形　　B. 标题栏　　C. 几何公差　　D. 直线

41. 标题栏包含（　　）、材料、数量及必要的签名。

A. 零件名称　　B. 表面粗糙度符号

C. 几何公差　　D. 图形

42. 装配图一般只标注外形尺寸、规格尺寸、（　　）尺寸和安装尺寸。

A. 直径　　B. 长度　　C. 装配　　D. 以上都不对

43. 与标准件配合时，基准制的选择通常依（　　）而定。

A. 技术要求　　B. 标准件　　C. 公差要求　　D. 配合尺寸

44. 间隙配合是具有（　　）（包括最小间隙等于零）的配合。

A. 间隙　　B. 过盈　　C. 间隙或过盈　　D. 过渡

45. 根据相互结合的孔、轴公差带的不同相对位置关系，可把配合分为间隙配合、(　　)配合、过渡配合三种。

A. 过量　　B. 过盈　　C. 过程　　D. 紧密

46. 选择配合件的基本偏差代号一般采用(　　)。

A. 类比法　　B. 标准法　　C. 排除法　　D. 以上都不对

47. 公称尺寸相同的、相互结合的(　　)公差带之间的关系，称为配合。

A. 直线和平面　　B. 直线和圆弧　　C. 孔和轴　　D. 以上都不对

48. 某一尺寸减去其公称尺寸后的代数差是尺寸(　　)。

A. 偏差　　B. 公差　　C. 距离　　D. 配合

49. 空间点位的获取坐标值与其真实坐标值的符合程度称为(　　)。

A. 形状精度　　B. 加工精度　　C. 位置精度　　D. 尺寸精度

50. 基本偏差为一定的孔的公差带与不同基本偏差的轴的公差带形成的各种配合的一种制度，称为(　　)。

A. 基孔制配合　　B. 基轴制配合　　C. 配合　　D. 过渡配合

51. 基孔制配合的孔称为基准孔，其基本偏差代号为(　　)，下极限偏差为零。

A. N　　B. H　　C. K　　D. Z

52. 基本偏差为一定的轴的公差带与不同基本偏差的孔的公差带形成各种配合的一种制度，称为(　　)。

A. 基孔制配合　　B. 基轴制配合　　C. 配合　　D. 过渡配合

53. 加工精度是指加工后零件表面的（　　)、形状、位置三种几何参数与图样要求的理想几何参数的符合程度。

A. 极限尺寸　　B. 实际尺寸　　C. 公称尺寸　　D. 理想尺寸

54. 加工零件的实际尺寸与规定尺寸之差，称为尺寸(　　)。

A. 偏差　　B. 公差　　C. 误差　　D. 配合

55. 滚动轴承内环与轴的配合采用(　　)配合。

A. 基孔制　　B. 基轴制　　C. 间隙　　D. 过盈

56. 通过测量所得的尺寸是(　　)。

A. 极限尺寸　B. 实际尺寸　C. 公称尺寸　D. 理想尺寸

57. 尺寸的允许变动量称为(　　)。

A. 公差　B. 上极限偏差　C. 下极限偏差　D. 尺寸偏差

58. 零件加工以后，各表面或各几何要素之间相互位置的准确度称为(　　)。

A. 形状精度　B. 尺寸精度　C. 位置精度　D. 表面精度

59. 几何公差代号“⌒”用于表示(　　)。

A. 圆柱度　B. 同轴度　C. 圆跳动　D. 线轮廓度

60. 构成零件几何特征的点、线、面要素的实际形状相对于理想形状的允许变动量，称为(　　)公差。

A. 被测　B. 基准　C. 位置　D. 形状

61. 几何公差代号“∠”用于表示(　　)。

A. 平行度　B. 倾斜度　C. 垂直度　D. 对称度

62. 构成零件几何特征的(　　)、线、面称为要素。

A. 点　B. 曲线　C. 圆弧　D. 尺寸

63. 几何公差带的形状取决于(　　)的特征和设计要求。

A. 被测要素　B. 测量要素　C. 图样　D. 以上都对

64. 公差带的方向即公差带放置的方向，由(　　)与基准的几何关系（垂直、平行或倾斜任一角度）确定。

A. 被测要素　B. 测量要素　C. 图样　D. 以上都对

65. 对公差等级要求比较高的 IT8～IT1，(　　)注明几何公差值。

A. 应该　B. 不应该　C. 无所谓是否　D. 以上都不对

66. 在确定位置公差时，(　　)给出基准。

A. 必须　B. 不必　C. 无所谓是否　D. 以上都不对

67. 当基准要素为素线及表面时，基准符号应靠近该要素的轮廓线或其引出线进行标注，并应明显地与尺寸线(　　)。

A. 平行　B. 垂直　C. 错开　D. 以上都对

68. 对淬火后的钢制件进行高温回火，这种双重热处理的操作称为(　　)。

A. 淬火　　B. 正火　　C. 退火　　D. 调质

69. 当基准要素为各要素的公共轴线、公共中心平面时，基准符号(　　)中心要素对应的尺寸线标注。

A. 正对　　B. 偏离　　C. 靠近　　D. 以上都不对

70. 若多个被测要素有相同的几何公差（单项或多项）要求时，可以从同一公差框格的同一端引出一条指引线，再分出(　　)条指引线和箭头，分别指向各被测要素。

A. 1　　B. 2　　C. 多　　D. 不多于 4

71. 表面粗糙度参数的单位是(　　)。

A. mm　　B. μm　　C. cm　　D. dm

72. 一般情况下，凡是零件上有配合要求或有相对运动的表面，表面粗糙度参数值要(　　)。

A. 小　　B. 大　　C. 均匀　　D. 增大

73. 国家标准 GB/T 6060.1—1997 将铸造表面粗糙度比较样块按铸型类型分为(　　)类和金属型类两大类。

A. 铸造合金　　B. 砂型　　C. 陶瓷型　　D. 锻型

74. 表面粗糙度参数值越小，表面质量越高，加工成本(　　)。

A. 越低　　B. 越高　　C. 不变　　D. 以上都对

75. 一般情况下，表面粗糙度的评定参数值越小，零件的使用寿命(　　)。

A. 越短　　B. 越长　　C. 不变　　D. 以上都对

76. 衬套、滑动轴承和定位销的压入孔表面，及一般低速传动的轴颈、电镀前的金属表面，其表面微观特征是(　　)。

A. 半光表面　　B. 光表面　　C. 极光表面　　D. 镜状表面

77. 磨削加工的公差等级和表面粗糙度 Ra 值分别可达(　　)。

A. IT7～IT5，1.25～0.16 μm　　B. IT6～IT5，1.25～0.16 μm

C. IT6～IT5，1.25～0.08 μm　　D. IT6～IT5，0.8～0.16 μm

78. 零件的互换性是机械产品批量生产的(　　)。

A. 根本　　B. 要求　　C. 前提　　D. 基础

79. 从同一规格的一批零件中任取一件，不经修配就能装到机器或部件上，并能保证符合使用要求，这称为(　　)。

A. 配合　　B. 精度　　C. 规格　　D. 互换性

80. (　　)不属于直接测量量具。

A. 游标卡尺　　B. 百分表　　C. 游标万能角度尺　　D. 塞规

81. (　　)属于专用量具。

A. 游标卡尺　　B. 百分表　　C. 卡规　　D. 量块

82. 百分表的测量范围指测杆的有效最大移动量，(　　) mm 是百分表的一种测量范围。

A. 0～3　　B. 5～10　　C. 10～20　　D. 0～25

83. 内径千分尺测量多为(　　)点接触式。

A. 多　　B. 四　　C. 两　　D. 三

84. 带表的游标卡尺，其常用分度值是(　　) mm。

A. 0.01　　B. 0.02　　C. 0.05　　D. 0.10

85. 外径千分尺测量范围的划分，在 500 mm 以内，每(　　) mm 为一挡。

A. 100　　B. 50　　C. 20　　D. 25

86. 测量轴类工件时，游标卡尺两量爪的测量面不紧密贴合被测表面，则测出结果(　　)实际尺寸。

A. 大于　　B. 小于　　C. 等于　　D. 以上都对

87. (　　)不属于形状公差。

A. 直线度　　B. 平面度　　C. 圆度　　D. 平行度

88. (　　)的测量方法有光隙法（刀口形直尺）、测微法（百分表）、计算法、图解法等。

A. 面轮廓度　　B. 圆度　　C. 直线度　　D. 圆柱度

89. 零件测绘中的几何公差可分为被测要素和(　　)。

A. 实际要素　　B. 中心要素　　C. 理想要素　　D. 基准要素

90. (　　)属于位置公差。

A. 直线度　　B. 平行度　　C. 圆度　　D. 平面度

91. (　　)不属于表面粗糙度测量仪器。

A. 扫描仪　　B. 表面粗糙度比较样块
C. 光学仪器　　D. 电动轮廓仪

92. 百分表的测杆应(　　)于被测表面，否则测出的结果不准确。

A. 平行　　B. 倾斜　　C. 垂直　　D. 交叉

93. 游标万能角度尺是以(　　)法按游标读数测量工件角度的。

A. 测量　　B. 接触　　C. 对比　　D. 目测

94. 游标万能角度尺的常用分度值为(　　)。

A. 2′　　B. 1′　　C. 5′　　D. 2°

95. 在使用量具时，(　　) 的行为是错误的。

A. 及时擦拭　　B. 小心轻放
C. 及时维修　　D. 与其他硬物一起堆放

96. 精密量具(　　)放在磁场附近。

A. 可以　　B. 无所谓是否　　C. 不可以　　D. 一直

97. 测量前，应把量具的测量面和零件的(　　)擦拭干净，以免因脏物存在而影响测量精度。

A. 表面　　B. 端面　　C. 被测量表面　　D. 全部表面

98. 在切削用量三要素中，对切削力影响最大的是(　　)。

A. 切削速度　　B. 进给量
C. 背吃刀量　　D. 切削速度、进给量、背吃刀量

99. 对所有表面都需要加工的零件，在定位时应当根据(　　)的表面找正。

A. 加工余量小　　B. 光滑平整　　C. 粗糙不平　　D. 加工余量大

100. 调质处理是指(　　)和高温回火相结合的一种工艺。

A. 完全退火　　B. 去应力退火　　C. 正火　　D. 淬火

101. 机械加工顺序安排的原则是先基准后其他、先粗后精、先主后次、(　　)。

A. 先孔后面　　B. 先面后孔　　C. 先简单后复杂　　D. 先复杂后简单

102. (　　)阶段是继续减小加工余量、为精加工做准备、次要面加工的阶段。

A. 半精加工　　B. 粗加工　　C. 精加工　　D. 光整加工

103. 封闭环的公称尺寸(　　)所有增环公称尺寸之和减去所有减环公称尺寸之和。

A. 大于　　B. 等于　　C. 小于　　D. 以上都对

104. 在尺寸链组成环中，该环减小会使封闭环增大的环称为(　　)。

A. 增环　　B. 闭环　　C. 减环　　D. 间接环

105. 封闭环的公称尺寸等于所有增环公称尺寸之和(　　)所有减环公称尺寸之和。

A. 加上　　B. 减去　　C. 乘以　　D. 除以

106. 封闭环的上极限尺寸等于所有增环的上极限尺寸之和(　　)所有减环的下极限尺寸之和。

A. 加上　　B. 减去　　C. 乘以　　D. 除以

107. 封闭环的下极限偏差等于所有增环的下极限偏差之和(　　)所有减环的上极限偏差之和。

A. 加上　　B. 减去　　C. 乘以　　D. 除以

108. 工件在装夹中由于设计基准与(　　)不重合而产生的误差，称为基准不重合误差。

A. 工艺基准　　B. 装配基准　　C. 定位基准　　D. 夹紧基准

109. 偏心工件的装夹方法有两顶尖装夹、四爪单动卡盘装夹、三爪自定心卡盘装夹、偏心卡盘装夹、双重卡盘装夹、(　　)夹具装夹等。

A. 组合　　B. 随行　　C. 专用偏心　　D. 气动

110. 机械加工顺序安排的原则是先基准后其他、先粗后精、(　　)、先面后孔。

A. 先次后主　　B. 先主后次　　C. 先简单后复杂　　D. 先复杂后简单

111. 机械加工工艺过程由工序、工步、工位、走刀和(　　)组成。

A. 设备　　B. 转速　　C. 安装　　D. 定位

112. 在加工表面和加工工具不变的条件下所完成的工艺过程称为(　　)。

A. 工步　　B. 工序　　C. 工位　　D. 工艺

113. 在切削加工中，既缩短机动时间又缩短辅助时间的方法是(　　)。

A. 多件加工　　B. 使用不停车夹头

C. 用挡铁控制长度　　D. 多刀切削

114. 工艺文件制定、工艺装备设计制造属于(　　)阶段。

A. 调查研究　　B. 产品开发　　C. 投入装备　　D. 投产销售

115. 把合理的工艺过程中的各项内容编写成文件用来指导生产，这种文件称为(　　)。

A. 生产过程　　B. 工艺规程　　C. 工序　　D. 工步

116. 轴类零件的调质处理工序应安排在(　　)。

A. 粗加工前　　B. 粗加工后，精加工前

C. 精加工后　　D. 渗碳后

117. 工艺系统的组成部分不包括(　　)。

A. 机床　　B. 夹具　　C. 量具　　D. 刀具

118. 在切削用量中，(　　)对刀具磨损的影响最大。

A. 切削速度　　B. 进给量　　C. 进给速度　　D. 背吃刀量

119. 公差为 0.01 mm 的 ϕ10 mm 的轴与公差为 0.01 mm 的 ϕ100 mm 的轴相比，加工精度(　　)。

A. 前者高　　B. 后者高　　C. 一样　　D. 以上都对

120. 加工精度用公差等级衡量，等级值越小，其精度(　　)。

A. 越高　　B. 越低　　C. 差不多　　D. 以上都对

121. (　　)是指企业在计划期内应当生产的产品数量和进度计划。

A. 生产类型　　B. 生产纲领　　C. 生产批量　　D. 生产量

122. 在(　　)上可以反映出工件的定位、夹紧要求及加工表面。

A. 工艺过程卡　　B. 工艺卡　　C. 工序卡　　D. 图样

123. 车削不锈钢件选择切削用量时，应选择(　　)。

A. 较大的 v_c、f　　B. 较小的 v_c、f

C. 较大的 v_c，较小的 f　　D. 较小的 v_c，较大的 f

124. 车削圆锥面时，车刀安装未对准工件中心，则工件表面会产生(　　)误差。

A. 圆度　　B. 尺寸　　C. 同轴度　　D. 双曲线

125. 将工件放入感应器中，使工件表层产生感应电流，在极短的时间内加热到淬火温度后，立即喷水冷却，使工件表层淬火，从而获得非常细小的针状(　　)组织。

A. 屈氏体　　B. 马氏体　　C. 索氏体　　D. 奥氏体

126. 制造形状复杂、(　　)的刀具应选用高速钢。

A. 公差等级不高　　B. 公差等级较高　　C. 强度较大　　D. 耐磨性较好

127. 刀具材料越硬，刀具的热硬性(　　)。

A. 不一定好　　B. 越好　　C. 越差　　D. 不变

128. 常用高速钢刀具材料的牌号是(　　)。

A. W18Cr4V　　B. YT15　　C. 40Cr　　D. 45Mn

129. 硬质合金是目前(　　)的刀具材料。

A. 硬度最大　　B. 韧性最好　　C. 使用最广泛　　D. 强度最大

130. 刀具材料的硬度必须(　　)被加工材料的硬度，才能切削被加工材料。

A. 低于　　B. 高于　　C. 等于　　D. 以上都对

131. 刀具材料除必须具备足够的强度与冲击韧度、高耐热性以外，(　　)。

A. 还需要具备耐磨性　　B. 还需要具备良好的工艺性和经济性

C. 不需要其他特殊性能　　D. 还需要具备适宜的使用寿命

132. 制造形状复杂、公差等级较高的刀具应该选用的材料是(　　)。

A. 合金工具钢　　B. 高速钢　　C. 硬质合金　　D. 陶瓷

133. 车刀材料的常温硬度一般要求在(　　)HRC以上。

A. 60　　B. 50　　C. 80　　D. 100

134. 刀具材料是决定刀具切削性能的根本因素，对加工效率、加工质量、加工成本及刀具(　　)影响很大。

A. 硬度　　B. 耐磨性　　C. 耐热性　　D. 使用寿命

135. (　　)不能作为刀具材料。

A. 低碳钢　　B. 硬质合金

C. 含合金元素较多的工具钢　　D. 合金钢

136. 刀具材料越(　　)，其耐磨性越好。

A. 硬　　B. 软　　C. 韧　　D. 重

137. 由于切削条件较复杂，刀具材料的(　　)还取决于其化学成分和金相组织的稳定性。

A. 耐磨性　　B. 良好的工艺性　　C. 经济性　　D. 使用寿命

138. 刀具材料选用合理且(　　)时，才能顺利进行切削。

A. 切削速度高　　B. 切削速度低　　C. 几何角度合理　　D. 进给速度高

139. 刀具在刃磨时，(　　)的说法是错误的。

A. 几何角度要合理

B. 刀具表面粗糙度 Ra 值要在 1.6 μm 以上

C. 刀具表面粗糙度 Ra 值要在 0.2 μm 以下

D. 高速钢刀具要注意随时冷却

140. (　　) 属于切断刀。

A. 90°车刀　　B. 45°车刀　　C. 内孔车刀　　D. 切槽刀

141. 常用于车削工件台阶外圆的车刀是(　　)。

A. 45°车刀　　B. 切断刀　　C. 90°车刀　　D. 螺纹车刀

142. 车刀主要可分为(　　)与机械夹固式两大类。

A. 外圆车刀　　B. 焊接式　　C. 内孔车刀　　D. 螺纹车刀

143. 精加工时，应该采用(　　)原则，即首先保证加工的尺寸精度和表面质量要求。

A. 成本优先　　B. 精度优先　　C. 效率优先　　D. 实用优先

144. 刃倾角 λ_s 对(　　)的影响较小，但对进给抗力和切深抗力的影响较大。

A. 切屑变形力　　B. 主切削力　　C. 机床轴向力　　D. 工件变形

145. 在车刀的几何角度中，前角、后角、主偏角和(　　)是主切削刃上四个最基本的角度。

A. 副偏角　　B. 刃倾角　　C. 刀尖角　　D. 导程角

146. 为了减小径向力，车细长轴时，车刀主偏角应取(　　)。

A. 30°～45°　　B. 50°～60°　　C. 80°～90°　　D. 15°～20°

147. 既可车外圆又可车端面和倒角的车刀，其主偏角应采用(　　)。

A. 30°　　B. 45°　　C. 60°　　D. 90°

148. 若内孔车刀装得高于工件中心，会造成实际前角(　　)。

A. 增大　　B. 减小　　C. 不变　　D. 以上都不对

149. 在刀具强度允许的条件下，尽量选取（　　）前角。

A. 负　　B. 0°　　C. 较小　　D. 较大

150. 车削加工中，切削余量较大或较硬的材料时，为提高刀头强度，前角可取（　　）。

A. 负值　　B. 正值　　C. 0°　　D. 以上都对

151. 精车外圆时，车刀刃倾角应取（　　）。

A. 负值　　B. 正值　　C. 0°　　D. 以上都对

152. 对于高硬度的材料，可采用（　　）前角进行切削。

A. 小　　B. 大　　C. 负　　D. 以上都对

153. 一般粗加工时，车刀前角应磨得（　　）。

A. 较大　　B. 较小　　C. 为负值　　D. 以上都对

154. 精车时，车刀后角应磨得（　　）。

A. 比粗车时小些　　B. 比粗车时大些

C. 与粗车时一样　　D. 以上都对

155. 螺纹车刀刃磨时，应注意进刀方向后角的刃磨，后角要（　　）螺旋升角加工作后角。

A. 等于　　B. 大于　　C. 小于　　D. 以上都对

156. 主偏角增大，会使径向分力（　　）。

A. 增大　　B. 减小　　C. 不变　　D. 以上都对

157. 副偏角的大小主要影响工件的（　　）。

A. 切削力　　B. 表面粗糙度　　C. 径向分力　　D. 外形尺寸

158. 刃倾角可以用来控制切屑的（　　）。

A. 温度　　B. 流向　　C. 厚度　　D. 宽度

159. 精车时，刃倾角一般应取（　　）。

A. 正值　　B. 0°　　C. 负值　　D. 以上都对

160. 负倒棱会增加切削刃的（　　）。

A. 韧性　　B. 硬度　　C. 强度　　D. 刚度

161. 倒棱处的前角一般为(　　)。

A. 5°～20°　　B. －5°～5°　　C. －20°～－5°　　D. 0°～5°

162. 在切削平面内测量的车刀角度为(　　)。

A. 前角　　B. 后角　　C. 锲角　　D. 刃倾角

163. 外圆车刀如果装得高于工件中心，会造成实际前角(　　)。

A. 增大　　B. 减小　　C. 不变　　D. 以上都对

164. 麻花钻有较长的(　　)，并构成了切削刃。

A. 钻杆　　B. 韧带　　C. 螺旋槽　　D. 横刃

165. 麻花钻钻孔时，同时有(　　)参加切削。

A. 二刃　　B. 三刃　　C. 一刃　　D. 五刃

166. 麻花钻的横刃斜角一般为(　　)。

A. 60°　　B. 55°　　C. 45°　　D. 118°

167. 麻花钻的两个螺旋槽表面就是(　　)。

A. 主后面　　B. 副后面　　C. 前面　　D. 切削平面

168. 麻花钻钻头由两条螺旋槽等组成，刃磨时只要刃磨(　　)。

A. 前面　　B. 后面　　C. 横刃　　D. 螺旋槽

169. 麻花钻切削性能最差的部位是(　　)处。

A. 横刃　　B. 刀尖　　C. 韧带　　D. 前角

170. 麻花钻的两条(　　)在与其平行的平面上的投影的夹角为顶角（锋角）2φ。

A. 螺旋槽　　B. 主切削刃　　C. 横刃　　D. 韧带

171. 标准麻花钻由钻体和钻柄组成，其切削部分由六刀面、五刃、(　　)构成。

A. 三尖　　B. 四尖　　C. 五尖　　D. 一尖

172. 麻花钻最易磨损的部位是(　　)。

A. 主后面　　B. 副后面　　C. 前面　　D. 切削平面

173. 钻夹头安装时，利用钻夹头的锥柄将其插入车床尾座套筒内，所以一般只能安装(　　) mm 以下的直柄钻头。

A. $\phi 10$　　B. $\phi 13$　　C. $\phi 15$　　D. $\phi 16$

174. 切削液添加剂减小了刀具与工件、刀具与切屑的(　　)，使切削过程易于进行。

A. 剪切　　B. 摩擦　　C. 滚压　　D. 滑移

175. 切削液在切屑、工件和刀具表面形成润滑膜，减小摩擦因数，(　　)。

A. 减小切削阻力　　B. 增大切削阻力

C. 减小切削摩擦　　D. 增大切削摩擦

176. 钻孔时，为了减小加工热量和轴向力、提高定心精度，采取的主要措施是(　　)。

A. 修磨后角和横刃　　B. 修磨横刃

C. 修磨顶角和横刃　　D. 修磨后角

177. 钻头的两条主切削刃要(　　)。

A. 对称　　B. 平直　　C. 相交　　D. 以上都对

178. 硬质合金可转位车刀由于不需要刃磨，(　　)时间大大减少。

A. 辅助　　B. 对刀　　C. 机动　　D. 刀具安装

179. 硬质合金可转位车刀没有经过焊接，所以仍保持原有的(　　)。

A. 形状　　B. 硬度　　C. 韧性　　D. 使用寿命

180. 硬质合金可转位车刀(　　)的说法是不正确的。

A. 可节省辅助时间　　B. 可节省刀杆制造费用

C. 可保持刀片原有硬度　　D. 定位精度非常高

181. 机夹刀具的缺点是(　　)。

A. 不能保持刀片原有硬度　　B. 工作效率不高

C. 定位不准确　　D. 装卸不方便

182. 机夹刀具装夹时，夹紧力(　　)。

A. 要大点　　B. 要小点　　C. 不应过大　　D. 不应过小

183. 一般，高速钢车刀能保持良好切削性能的温度范围是(　　)℃。

A. 300～400　　B. 550～620　　C. 850～1 000　　D. 100～220

184. 一般情况下，制造金属切削刀具时，硬质合金刀具的前角(　　)高速钢刀具的前角。

A. 大于　　B. 等于　　C. 小于　　D. 以上都对

185. 积屑瘤的高度与(　　)有密切关系。

A. 背吃刀量　　B. 切削速度　　C. 进给量　　D. 工件材料

186. 切削加工过程中的切削速度、进给量和(　　)是完成切削工作必备的三个要素，总称为切削用量三要素。

A. 背吃刀量　　B. 机床　　C. 车刀　　D. 工件材料

187. 切削厚度较小、切削速度较高、刀具前角较大，易产生(　　)。

A. 带状切屑　　B. 挤裂切屑　　C. 单元切屑　　D. 崩碎切屑

188. 积屑瘤的产生使加工表面的表面粗糙度值(　　)。

A. 减小　　B. 无变化　　C. 增大　　D. 以上都对

189. (　　)是设计进给机构强度、计算进给功率的依据。

A. F_c　　B. F_f　　C. F_p　　D. F_r

190. 由于主切削力的存在，车刀的伸出长度应为(　　)倍刀杆厚度。

A. 1　　B. 1.5　　C. 2　　D. 2.5

191. 在切削过程中，按作用的不同，刀具与工件间的相对运动可分为(　　)。

A. 切削运动和主运动　　B. 主运动和进给运动

C. 切削运动和进给运动　　D. 辅助运动和主运动

192. 车削时，工件的旋转运动是(　　)。

A. 主运动　　B. 进给运动　　C. 切削运动　　D. 辅助运动

193. 车刀切削刃正在切削的表面称为(　　)。

A. 已加工表面　　B. 待加工表面　　C. 过渡表面　　D. 基面

194. 即将被切去金属层的表面称为(　　)。

A. 已加工表面　　B. 待加工表面　　C. 过渡表面　　D. 基面

195. 切削用量是指(　　)。

A. 切削速度　　B. 进给量

C. 背吃刀量　　D. 切削速度、进给量和背吃刀量

196. 铣削中主运动的线速度称为(　　)。

A. 铣削速度　　B. 每分钟进给量　　C. 每转进给量　　D. 主轴转速

197. 切削过程中，待加工材料被刀具挤压、变形、(　　)，形成切屑。

A. 剪切滑移　　B. 摩擦　　C. 滚压　　D. 脱落

198. 切削液在切屑、工件和刀具表面形成润滑膜，(　　)，减小切削摩擦。

A. 减小切削阻力　　B. 增大切削阻力

C. 减小摩擦因数　　D. 增大摩擦因数

199. 切削液主要用来降低切削温度和(　　)切削过程中的摩擦。

A. 增大　　B. 减小　　C. 消除　　D. 转化

200. 车削直径为 60 mm 的工件外圆，车床主轴转速为 600 r/min，切削速度为(　　) m/min。

A. 103　　B. 95　　C. 108　　D. 113

201. 粗加工时，尽可能选择(　　)的背吃刀量。

A. 较小　　B. 中等　　C. 较大　　D. 以上都对

202. 粗加工时，尽可能选择(　　)的进给量。

A. 较小　　B. 中等　　C. 较大　　D. 以上都对

203. 切削强度和硬度较大的工件时，因为车刀容易磨损，所以切削速度应选得(　　)。

A. 最大　　B. 高些　　C. 低些　　D. 以上都对

204. 精加工时，尽可能选择(　　)的背吃刀量。

A. 较小　　B. 中等　　C. 较大　　D. 以上都对

205. 精加工时，尽可能选择(　　)的进给量。

A. 较小　　B. 中等　　C. 较大　　D. 以上都对

206. 精车时，背吃刀量和进给量因受工件精度和表面粗糙度的限制，一般取得(　　)。

A. 较小　　B. 较大　　C. 一样　　D. 以上都对

207. 粗车时，切削用量应按(　　)的顺序考虑。

A. v_c、f、a_p　　B. f、v_c、a_p　　C. a_p、f、v_c　　D. f、a_p、v_c

208. 选择切削用量时，应先了解材料的(　　)。

A. 数量、加工余量　　B. 强度

C. 强度、加工余量　　D. 强度、长度

209. 切削热的来源是(　　)和前面、后面的摩擦功。

A. 刀具材料导热性　　B. 切屑变形功

C. 机床动力　　D. 工件材料变形

210. 工件材料的(　　)是影响热量传导的重要因素。

A. 硬度　　B. 韧性　　C. 导热性　　D. 质量

211. 车削轴类零件，尤其是细长轴时，为了减小切深抗力的作用，往往采用(　　)的车刀切削。

A. $\kappa_r>30°$　　B. $\kappa_r>45°$　　C. $\kappa_r>60°$　　D. $\kappa_r>90°$

212. 增大前角会使切削温度(　　)。

A. 升高　　B. 降低　　C. 不变　　D. 以上都有可能

213. 负倒棱过宽，会使切削热(　　)。

A. 增加　　B. 减少　　C. 不变　　D. 以上都有可能

214. 用扩孔钻进行扩孔加工，适用于孔的(　　)。

A. 精加工　　B. 半精加工　　C. 粗加工　　D. 任意加工

215. 扩孔精度一般可达(　　)。

A. IT11～IT10　　B. IT10～IT9　　C. IT9～IT8　　D. IT8～IT7

216. 用扩孔工具扩大工件孔径的加工方法称为(　　)。

A. 钻孔　　B. 车孔　　C. 铰孔　　D. 扩孔

217. 车刀后面磨损主要是由车刀与工件(　　)摩擦造成的。

A. 待加工表面　　B. 过渡表面　　C. 已加工表面　　D. 以上都对

218. 车刀前面磨损主要是由刀具前面与(　　)摩擦造成的。

A. 切屑　　B. 工件过渡表面

C. 工件已加工表面　　D. 工件待加工表面

219. 在刀具的初期磨损阶段，刀具磨损时间较短而磨损(　　)。

A. 较大　　B. 几乎没有　　C. 较小　　D. 以上都有可能

220. 切削区有火星出现，说明(　　)。

A. 刀具已磨损　　B. 切削速度过高　　C. 刀具还可使用　　D. 切削时间过长

221. 工件表面粗糙度值增大或出现不均匀条纹，说明刀具(　　)。

A. 还可继续使用　　B. 不能再使用

C. 还可用于粗加工　　D. 已磨钝

222. 刀具各刀面的表面粗糙度在 $Ra0.2\ \mu m$ 以下，(　　)刀具的使用寿命。

A. 可延长　　B. 可缩短　　C. 不影响　　D. 以上都不对

223. 在切削用量中，(　　) 对刀具磨损的影响最大。

A. 切削速度　　B. 进给量　　C. 进给速度　　D. 背吃刀量

224. (　　)选择得不合理，会影响工件的表面粗糙度。

A. 刀具主偏角　　B. 背吃刀量　　C. 切削用量　　D. 加工工件直径

225. 精加工时，切削液选择(　　)最合适。

A. 水　　B. 低浓度乳化液

C. 矿物油　　D. 高浓度乳化液

226. (　　)会影响工件的表面粗糙度。

A. 加工余量　　B. 加工工件直径

C. 工件数量　　D. 刀具刃磨的情况

227. 精车刀具可磨有(　　)，以减小已加工表面的表面粗糙度值。

A. 过渡刃　　B. 修光刃

C. 大刀尖圆弧半径　　D. 大前角

228. 增大(　　)可减小工件表面粗糙度值。

A. 背吃刀量　　B. 主偏角　　C. 刀尖圆弧半径　　D. 机床转速

229. 切削加工时，表面粗糙度值主要取决于(　　)。

A. 切削面积的残留高度　　B. 切削面的条纹

C. 切削面的波纹　　D. 切削面的振动影响

230. 工件直线度超差，一般是由机床(　　)造成的。

A. 主轴弯曲　　B. 卡爪磨损

C. 导轨不直　　D. 刀具安装不正确

231. 机床“快动”方式下，机床移动速度应由(　　)确定。

A. 程序　　B. 控制面板上的进给速度修调按钮
C. 机床系统　　D. 以上都不对

232. 若程序中主轴转速为S1000，当主轴转速修调开关打在“80”时，主轴实际转速为(　　) r/min。

A. 800　　B. 8 000　　C. 80　　D. 1 000

233. (　　)一般用于精加工，Ra 可达到0.8～0.2 μm。

A. 铣削　　B. 磨削　　C. 镗削　　D. 车削

234. 绿色碳化硅砂轮可用于修磨(　　)。

A. 硬质合金刀具　　B. 高速钢刀具　　C. 工具钢刀具　　D. 以上都对

235. 灰色氧化铝砂轮可用于高速钢刀具的(　　)。

A. 粗磨　　B. 精磨　　C. 研磨　　D. 以上都对

236. 白色氧化铝砂轮主要用于修磨(　　)。

A. 高速钢刀具　　B. 硬质合金刀具　　C. 锉刀　　D. 以上都对

237. 高硬磨料类砂轮适用于(　　)的刃磨。

A. 铸铁刀具　　B. 工具钢刀具　　C. 硬质合金刀具　　D. 碳素钢刀具

238. 黑色碳化硅砂轮主要用于修磨(　　)。

A. 钢制刀具　　B. 铸铁　　C. 低碳钢刀具　　D. 合金钢刀具

239. 机械加工后，零件的尺寸、形状、位置等参数的实际数值与设计理想值的符合程度称为(　　)。

A. 机械加工精度　　B. 加工质量　　C. 机械加工过程　　D. 加工程度

240. 加工精度包括尺寸精度、形状精度和(　　)。

A. 机械精度　　B. 位置精度　　C. 几何精度　　D. 实际精度

241. 异步电动机的种类有三相异步电动机和(　　)两种。

A. 两相异步电动机　　B. 单相异步电动机
C. 笼型异步电动机　　D. 绕线式异步电动机

242. 常用低压电器有开关、熔断器、(　　)、继电器等。

A. 组合开关　　B. 行程开关　　C. 电动机　　D. 接触器

243.（　）为无填料封闭管式熔断器的型号。

A. RC1A　B. RM10　C. RT0　D. RL1

244.（　）为螺旋式熔断器的型号。

A. RC1A　B. RM10　C. RT0　D. RLS2

245. 继电器按工作原理不同，可分为电磁式继电器、电动式继电器、感应式继电器、（　）继电器、热继电器等。

A. 电压　B. 晶体管式　C. 电流　D. 速度

246. 时间继电器可分为电磁式、空气阻尼式和（　）。

A. 电压式　B. 晶体管式　C. 感应式　D. 电动式

247. 按极数不同，热继电器可分为单极、两极和（　）极三种。

A. 多　B. 五　C. 三　D. 六

248. 热继电器按复位方式不同，分为（　）复位式和手动复位式。

A. 气压　B. 机械　C. 半自动　D. 自动

249. 热继电器双金属片的加热方式有直接加热式、间接加热式和（　）加热式。

A. 复合　B. 机械　C. 半自动　D. 自动

250. 在修理电气设备或用具时，（　）带电操作。

A. 能　B. 不能　C. 必须　D. 以上都不对

251. 行灯、机床照明灯等应使用36 V及以下的安全电压。在特别潮湿的场所，应使用不高于（　）V的电压。

A. 12　B. 30　C. 35　D. 24

252. 救护触电人员时，首先应立即（　）。

A. 把触电人员拉离现场　B. 切断电源

C. 用手移开电线　D. 拨打“120”急救电话

253. 当导线搭在触电人身上或压在身下时，可用（　）迅速将电线挑开。

A. 铁棒　B. 铜棒

C. 干燥的木棒　D. 潮湿的木棒

254. 取与最短杆相邻的任一杆为固定杆，并取最短杆为曲柄，则此机构为（　）。

A. 双曲柄机构　B. 双摇杆机构　C. 曲柄摇杆机构　D. 滑块机构

255. 在曲柄摇杆机构中，传动角越大，机械的传力性能(　　)。

A. 越好　B. 越差　C. 不变　D. 以上都不对

256. 在机械传动中，当发生过载时能起保护作用的是(　　)。

A. 齿轮传动　B. 链传动　C. 螺旋传动　D. 带传动

257. 在机械传动中，不能保证恒定传动比的是(　　)传动。

A. 齿轮传动　B. 链传动　C. 螺旋传动　D. 带传动

258. 把回转运动变为直线运动的是(　　)。

A. 带传动　B. 链传动　C. 齿轮传动　D. 螺旋传动

259. 在千分尺的螺旋传动结构中，螺母不动，丝杠回转并(　　)。

A. 做直线运动　B. 做回转运动

C. 静止不动　D. 与螺杆同时运动

260. 链传动的传动比一般小于等于(　　)。

A. 1　B. 5　C. 7　D. 10

261. 可传递任意位置的两轴之间的运动和动力的是(　　)。

A. 带传动　B. 链传动　C. 齿轮传动　D. 螺旋传动

262. 渐开线上各点的压力角不相等，越远离基圆，压力角越大，基圆上的压力角(　　)。

A. 最小　B. 最大　C. 是常数　D. 等于零

263. 齿轮传动中的瞬时传动比是(　　)。

A. 恒定的　B. 零　C. 不定的　D. 以上都不对

264. 标准直齿圆柱齿轮的压力角为(　　)。

A. 15°　B. 20°　C. 29°　D. 30°

265. 标准直齿圆柱齿轮齿高的计算公式是(　　)。

A. $h=2m$　B. $h=1.2m$　C. $h=2.5m$　D. $h=2.25m$

266. 气压传动是研究以(　　)为能源介质，来实现各种机械的传动和自动控制的学科。

A. 无压流体　B. 有压流体　C. 无压气体　D. 有压气体

267. 气动执行元件中，气缸用于实现（　　）或摆动。

A. 直线运动　　B. 回转运动　　C. 往复运动　　D. 曲线运动

268. 气动执行元件中，马达用于实现连续的（　　）。

A. 直线运动　　B. 曲线运动　　C. 往复运动　　D. 回转运动

269. 气缸按结构特征可分为活塞式气缸、柱塞式气缸、薄膜式气缸、（　　）气缸、齿轮齿条式摆动气缸等。

A. 叶片式　　B. 单作用式　　C. 双作用式　　D. 特殊式

270. 气缸按活塞端面受压状态可分为单作用气缸和（　　）气缸。

A. 叶片　　B. 双作用　　C. 普通　　D. 特殊

271. 气动马达是把（　　）的压力能转换成机械能的能量转换装置，其作用相当于电动机或液压马达。

A. 水　　B. 油　　C. 压缩空气　　D. 液体

272. 气动马达是把压缩空气的压力能转换成（　　）的能量转换装置，其作用相当于电动机或液压马达。

A. 动能　　B. 能量　　C. 动力　　D. 机械能

273. 方向控制阀是控制压缩空气流动方向以控制执行元件动作的一类气动（　　）元件。

A. 控制　　B. 执行　　C. 辅助　　D. 气源

274. （　　）是气动系统中应用最多的一种控制元件。

A. 压力控制阀　　B. 方向控制阀　　C. 流量控制阀　　D. 减压阀

275. 按控制方式划分，方向控制阀分为手动控制、气动控制、电动控制、（　　）控制、电气控制等。

A. 气压　　B. 半自动　　C. 机动　　D. 全自动

276. 方向控制阀包括单向阀、液控单向阀、梭阀、（　　）等。

A. 压力控制阀　　B. 换向阀　　C. 流量控制阀　　D. 顺序阀

277. 压力控制阀是利用压缩空气作用在阀芯上的力和弹簧力相（　　）的原理进行工作的。

A. 平衡　　B. 抵消　　C. 利用　　D. 作用

278. 压力控制阀是利用(　　)作用在阀芯上的力和弹簧力相平衡的原理进行工作的。

A. 水　　B. 压缩空气　　C. 油　　D. 气体

279. 流量控制阀是通过改变阀的(　　)来调节压缩空气流量的。

A. 流量　　B. 流速　　C. 流通面积　　D. 压力

280. 流量控制阀属于气动(　　)元件。

A. 气源　　B. 执行　　C. 辅助　　D. 控制

281. 节流阀属于(　　)。

A. 流量控制阀　　B. 方向控制阀　　C. 压力控制阀　　D. 减压阀

282. 通过改变节流截面或节流长度以控制流体流量的阀门称为(　　)。

A. 方向控制阀　　B. 减压阀　　C. 压力控制阀　　D. 节流阀

283. 压缩空气站的压力通常都高于每台装置所需的(　　)，且压力波动较大。

A. 实际压力　　B. 工作压力　　C. 极限压力　　D. 承受压力

284. (　　)是一种利用介质自身能量来调节与控制管路压力的智能型阀门。

A. 减压阀　　B. 压力控制阀　　C. 安全阀　　D. 流量控制阀

285. 在气压系统中，为防止管路、气罐等破坏，应限制回路中的最高压力，此时应采用(　　)。

A. 减压阀　　B. 压力控制阀　　C. 安全阀　　D. 流量控制阀

286. 安全阀根据(　　)能自动启闭，一般安装于封闭系统的设备或管路上，以保证系统安全。

A. 流量　　B. 截面面积　　C. 流速　　D. 工作压力

287. 将液体压力能转换为机械能的能量转换装置为(　　)。

A. 齿轮泵　　B. 叶片泵　　C. 电动机　　D. 液压缸

288. 液压传动是以(　　)为工作介质进行能量传递和控制的一种传动形式。

A. 气体　　B. 机油　　C. 流体　　D. 固体

289. 采用液压传动可实现无间隙传动，运动(　　)。

A. 效率低　　B. 发热量大　　C. 平稳　　D. 损失大

290. 液压传动依靠(　　)的静压力，完成能量的积累、传递、放大，实现机械传动。

A. 气体　　B. 液体介质　　C. 流体　　D. 固体

291. 液压油的黏度随压力的（　　）而增大。

A. 增大　　B. 变化　　C. 减小　　D. 以上都对

292. 沿程损失主要是由液体流动时的(　　)引起的。

A. 流量　　B. 压力　　C. 温度　　D. 摩擦

293. 在管道高度不计的情况下，液体的流速越高，压力(　　)。

A. 越低　　B. 越高　　C. 无变化　　D. 为零

294. 液压传动的基本原理是在密闭的容器内，利用有压力的(　　)作为工作介质来实现能量转换和传递动力。

A. 水　　B. 油液　　C. 气体　　D. 液体

295. 把原动机的机械能转换成液压能的是(　　)。

A. 动力元件　　B. 执行元件　　C. 控制元件　　D. 辅助元件

296. (　　)能根据需要无级调节液动机的速度，并对液压系统中工作液体的压力、流量和流向进行调节和控制。

A. 动力元件　　B. 执行元件　　C. 控制元件　　D. 辅助元件

297. 当液压系统工作环境温度较高时，应采用(　　)的液压油。

A. 较高黏度　　B. 较低黏度　　C. 流动性好　　D. 流动性差

298. 液压油的牌号等效采用ISO黏度分类法，以(　　)℃运动黏度的平均值来划分。

A. 10　　B. 20　　C. 30　　D. 40

299. 辅助元件包括(　　)、滤油器、油管及管接头、密封圈、压力表、油位油温计等。

A. 压力继电器　　B. 液压阀　　C. 油箱　　D. 节流阀

300. 当由一个液压泵驱动的几个工作机构需要按一定的顺序依次动作时，应采用(　　)。

A. 方向控制回路　　B. 调速回路

C. 顺序动作回路　　D. 速度换接回路

301. 卸载回路(　　)。

A. 可节省动力消耗，减少系统发热，延长液压泵使用寿命

B. 可采用O型或M型换向阀实现卸载

C. 可使控制系统获得较小的工作压力

D. 不可用换向阀实现卸载

302. 液压系统的工作温度一般控制在(　　)℃之间为宜。液压系统的油温过高，会导致液压油的黏度降低，容易引起泄漏，使效率下降。

A. 0～30　　B. 30～80　　C. 80～100　　D. 100～200

303. 液压油应每隔(　　)h检测一次，以便及时发现异常情况并更换变质的液压油。

A. 100　　B. 400　　C. 500　　D. 1 000

304. 正火一般应用于含碳量低于(　　)的低碳钢，以适当提高强度和硬度。

A. 0.8%　　B. 0.3%　　C. 1%　　D. 0.03%

305. (　　)是将钢加热到适当温度，保温一定时间，然后缓慢冷却以获得接近平衡组织的一种热处理工艺。

A. 正火　　B. 退火　　C. 淬火　　D. 回火

306. 金属材料的性能中最重要的是(　　)。

A. 物理性能　　B. 化学性能　　C. 力学性能　　D. 工艺性能

307. 在测量材料硬度时，用测量压痕深度的方法表示硬度值的是(　　)。

A. 布氏硬度　　B. 洛氏硬度　　C. 疲劳强度　　D. 冲击韧度

308. (　　)属于优质碳素结构钢。

A. 65Mn　　B. T8A　　C. T10Mn　　D. 45

309. 合金调质钢中最常用的是(　　)。

A. 45　　B. 40Cr　　C. 16Mn　　D. 20Cr

310. (　　)属于高速钢材料。

A. 45　　B. 40Cr　　C. 16Mn　　D. W18Cr4V

311. 灰铸铁牌号前的英文字母是(　　)。

A. HT　　B. KT　　C. QT　　D. FT

312. (　　)元素的加入使黄铜的强度提高。

A. 铁　　B. 锰　　C. 锌　　D. 铝

313.（　　）属于预先热处理。

A. 退火　　B. 淬火　　C. 渗碳　　D. 氮化

314. 退火热处理是安排在机械加工（　　）的一种预先热处理方法。

A. 之前　　B. 之后　　C. 过程中　　D. 以上都对

315. 退火用于（　　）钢铁在铸造、锻压、轧制和焊接过程中所形成的各种组织缺陷及残余应力，以防止工件变形、开裂。

A. 改变　　B. 改善或消除　　C. 改善　　D. 消除

316. 钢经过加热淬火后获得的是（　　）组织。

A. 马氏体　　B. 奥氏体　　C. 渗碳体　　D. 珠光体

317. 以油作淬火介质，只适用于过冷（　　）稳定性较强的一些合金钢或小尺寸碳钢工件的淬火。

A. 马氏体　　B. 奥氏体　　C. 渗碳体　　D. 珠光体

318. 零件先在空气或油中预冷到略高于 Ar_3 的温度，再迅速置于淬火介质中淬火，这称为（　　）。

A. 预冷淬火　　B. 多介质淬火　　C. 薄壳淬火　　D. 间断淬火

319. 将零件淬入介质中，得到一定深度的均匀的马氏体层，使表层产生残余压应力，一般不超过直径或厚度的10%，这称为（　　）。

A. 预冷淬火　　B. 多介质淬火　　C. 薄壳淬火　　D. 间断淬火

320. 能使零件的性能与尺寸保持稳定性的热处理是（　　）。

A. 正火　　B. 退火　　C. 淬火　　D. 回火

321. 淬火加高温回火的热处理又称为（　　）。

A. 渗碳　　B. 退火　　C. 回火　　D. 调质处理

322.（　　）主要用于硬度为50～62HRC的各类高碳钢零件等。

A. 正火　　B. 退火　　C. 淬火　　D. 低温回火

323. 模具零件淬火后马上进行（　　），可提高钢的韧性，延长模具的使用寿命。

A. 回火　　B. 退火　　C. 正火　　D. 调质处理

324. 将经过淬火的工件加热到临界点 Ac_1 以下的适当温度保持一定时间，随后用符合要求的方法冷却至室温，以获得所需要的组织和性能的热处理工艺是(　　)。

A. 正火　　B. 退火　　C. 回火　　D. 调质处理

325. (　　)是在一定温度下（一般在 Ac_1 以下），使活性氮原子渗入钢件表层的化学热处理工艺。

A. 渗碳　　B. 渗氮　　C. 碳氮共渗　　D. 调质处理

326. 高温回火应在(　　)℃范围内进行。

A. 500～600　　B. 500～650　　C. 500～700　　D. 500～750

327. 钢件淬火的目的是使它的组织全部或大部分转变为（　　），获得高硬度，然后在适当温度下回火，使工件具有预期的性能。

A. 马氏体　　B. 奥氏体　　C. 渗碳体　　D. 珠光体

328. 低合金工具钢的热处理为球化退火、淬火和低温回火，最后组织为回火马氏体、合金碳化物和少量(　　)。

A. 马氏体　　B. 奥氏体　　C. 渗碳体　　D. 珠光体

329. 正火后的组织是条状（　　），正火后，材料硬度降低。

A. 马氏体　　B. 奥氏体　　C. 渗碳体　　D. 珠光体

330. (　　)的目的是细化组织，改善机械加工性能。

A. 调质处理　　B. 淬火　　C. 回火　　D. 正火

331. 一些精度要求较高的零件淬火后再经(　　)来稳定尺寸和提高硬度。

A. 表面处理　　B. 渗碳　　C. 调质处理　　D. 冷处理

332. 把钢预热到临界温度以上，保温一段时间后，工件随炉冷却的操作过程称为(　　)。

A. 淬火　　B. 正火　　C. 退火　　D. 回火

333. 根据电流频率的不同，感应加热表面淬火可以分为高频淬火、中频淬火和(　　)三种。

A. 高温淬火　　B. 低频淬火　　C. 低温淬火　　D. 工频淬火

334. 表面淬火后，工件表层会获得硬度高而耐磨的(　　)组织。

A. 屈氏体　　B. 马氏体　　C. 索氏体　　D. 奥氏体

335. 采用机械式工频加热电源设备，淬硬层可深达（　　），适用于大直径工件的表面淬火。

A. 1～2 mm　　B. 4～8 mm　　C. 10～20 mm　　D. 30 mm以上

336. 化学表面热处理的主要特征是通过加热使某些元素渗入工件表面，以改变零件表面的(　　)和组织性能。

A. 化学成分　　B. 马氏体　　C. 奥氏体　　D. 屈氏体

337. 化学表面热处理的主要特征是通过(　　)使某些元素渗入工件表面。

A. 浸泡　　B. 降温　　C. 敲打　　D. 加热

338. 提高零件表面含碳量，在继续淬火和回火后，得到硬度高和耐磨性好的表面及韧性良好的心部组织，这种热处理工艺是(　　)。

A. 表面淬火　　B. 渗碳　　C. 淬火　　D. 调质处理

339. 工件渗碳后的热处理工艺通常为(　　)和低温回火。

A. 回火　　B. 退火　　C. 正火　　D. 淬火

340. 对于以提高疲劳强度为主的渗碳，可选用(　　)。

A. 38CrMoAl　　B. 42CrMo　　C. 20　　D. 30

341. 碳氮共渗就是在一定温度下，(　　)向零件表面渗入碳和氮的化学热处理工艺。

A. 先碳后氮地　　B. 先氮后碳地　　C. 同时　　D. 分别

342. 零件表面具有高的强度、硬度、耐磨性和疲劳极限，而心部仍保持足够的塑性和韧性，即(　　)，其经常通过表面热处理进行强化。

A. 表硬里软　　B. 表硬里韧

C. 表软里韧　　D. 表硬里硬

343. 对于以提高耐磨性为主的渗碳，一般选用(　　)。

A. 38CrMoAl　　B. 42CrMo　　C. 20　　D. 30

344. 渗碳、渗氮属于(　　)。

A. 化学热处理　　B. 物理表面处理

C. 表面覆层处理　　D. 表面分层处理

345. 表面淬火主要有(　　)和火焰加热两种。

A. 高温加热　　B. 高频加热　　C. 低温加热　　D. 感应加热

专业知识

一、判断题（将判断结果填入括号中。正确的填“√”，错误的填“×”）

1. 车削加工是在车床上利用工件相对于刀具旋转而对工件进行切削加工的方法。（　）

2. 切削层决定切屑的尺寸及刀具切削部分的载荷。（　）

3. 带状切屑是由于塑性材料未经过充分的挤压和断裂变形而形成的。（　）

4. 积屑瘤在切削过程中生长、长大、消失，可提高加工表面的质量。（　）

5. 材料的塑性越好，产生积屑瘤的可能性越小。（　）

6. 刀具后面与工件的挤压和摩擦会增加工件已加工表面的硬度，此现象称为加工硬化。（　）

7. 车削铝合金时，由于其硬度和强度低，切削力小，所以切削热也大。（　）

8. 进给力作用在机床的进给机构上，是校验进给机构强度的主要依据。（　）

9. 被切削金属在刀具的作用下发生弹性变形和塑性变形而消耗功，这是切削热的一个重要来源。（　）

10. 主偏角增大会使切削热减少。（　）

11. 切削热的来源是切屑变形功和刀具前面、后面的摩擦功。（　）

12. 精车时，背吃刀量与进给量因受工件精度和表面粗糙度的限制，一般取得较小。（　）

13. 切削液要满足冷却、润滑、清洗、防锈四个要求。（　）

14. 车削加工最基本的操作是车削螺纹，通常车削螺纹需经过粗车和精车两个步骤。（　）

15. 车削加工最基本的操作是车削端面，车削端面常需经过粗车和精车两个步骤。（　）

16. 镗削加工通常作为大型零件和箱体零件上孔的半精加工工序。（　）

17. 带有锥柄的工具装卸很方便。（　）

18. 一个圆锥所占空间的大小称为这个圆锥的体积。（ ）

19. 莫氏圆锥的锥度是固定不变的。（ ）

20. 在通过圆锥轴线的截面内，两条素线间的夹角称为圆锥半角。（ ）

21. 车削圆锥面时，尾座的偏移量只和所加工圆锥的长度有关。（ ）

22. 铰削加工的内圆锥精度比车削的高，表面粗糙度可达 $Ra1.6\ \mu$m。（ ）

23. 用偏移尾座法车圆锥可以利用车床机动进给。（ ）

24. 铰内圆锥孔的方法虽然有多种，但常用的方法是钻孔后直接铰孔。（ ）

25. 外圆锥双曲线误差的特征是中间凹。（ ）

26. 用圆锥塞规涂色检验内圆锥时，如果大端显示剂被擦去，说明锥孔的锥度车大了。

（ ）

27. 螺纹特征代号中字母 Rc 表示圆锥内螺纹。（ ）

28. 螺纹升角的计算公式为 $\tan\psi = P/\pi d$。（ ）

29. 左右切削法最适合于用硬质合金车刀高速车削螺纹。（ ）

30. 单针测量螺纹中径比三针测量精确。（ ）

31. 在套螺纹前，应先找正尾座轴线，确保板牙的轴线与工件的轴线同轴。（ ）

32. 梯形螺纹的牙型高度是梯形螺纹牙顶到牙底的斜面长度。（ ）

33. 梯形螺纹的牙顶宽 $W = 0.366P - 0.536a_c$。（ ）

34. 车削梯形螺纹时要考虑螺纹的左、右旋向和螺纹升角的大小，然后确定车刀两侧副后角的增减。（ ）

35. 加工精度较高的梯形螺纹时常采用的是单针测量法。（ ）

36. 米制蜗杆的全齿高为 $2.2m_x$。（ ）

37. 车削法向直廓蜗杆时，车刀左、右切削刃组成的平面应与齿面垂直。（ ）

38. 精车螺纹时，螺纹车刀左、右工作前角应一样大，所以刃磨时进刀方向的前角要磨得小些。（ ）

39. 粗车蜗杆时，为防止车刀三刃同时参与切削而发生扎刀，一般可采用左右切削法进行车削。（ ）

40. 螺纹的牙型高度与其导程无关。（ ）

41. 多线螺纹分线时产生的误差会使多线螺纹的螺距不等，严重地影响螺纹的配合精度，缩短其使用寿命。 （　　）

42. 加工多线螺纹时先将一条螺旋槽全部加工好，再加工另一条螺旋槽。 （　　）

43. 多线螺纹的中径可采用三针测量法或单针测量法进行测量，与测量单线螺纹一样，但必须每条线都要测量到。 （　　）

44. 在 CA6140 型车床上由加工蜗杆改为加工螺纹时，要调换交换齿轮。 （　　）

45. 工件定位时，作为定位基准的点和线往往由某些具体表面体现出来，这种表面称为定位基面。 （　　）

46. 经六点定位后就可以进行切削加工了。 （　　）

47. 在完全定位中，工件的六个自由度全被限制。 （　　）

48. 虽然部分定位限制的自由度少于六个，但仍能满足加工要求。 （　　）

49. 重复定位可使定位精度更高。 （　　）

50. 欠定位工件处于任意位置状态，所以不能保证工件的几何精度。 （　　）

51. 加工单件时，为保证较高的几何精度，在一次装夹中完成全部加工为宜。 （　　）

52. 一个自由刚体在空间内有五个自由度。 （　　）

53. 夹紧力的三要素是大小、方向、作用力。 （　　）

54. 夹紧力过大，加工过程中工件将产生位移而破坏定位。 （　　）

55. 夹紧装置要求结构简单、紧凑，并且有足够的刚度。 （　　）

56. 机床夹具中所使用的夹紧机构绝大多数都是利用斜面将楔块的推力转变为夹紧力来夹紧工件的。 （　　）

57. 心轴类车床夹具适用于以工件孔定位来加工套类、盘类等回转体零件。 （　　）

58. 在加工中，当工件力矩很小时，可选用小锥度心轴定位。 （　　）

59. 为了保证位置精度，形状不规则的工件应在专用夹具上加工。 （　　）

60. 机床夹具包括定位元件、测量装置、引导元件、夹具体。 （　　）

61. 夹具体将所有机构连接成一体，并通过夹具与机床连接。 （　　）

62. 组合夹具是一种标准化、系列化、柔性化程度很高的夹具。 （　　）

63. 斜楔是夹紧机构中最基本的增力和锁紧元件。 （　　）

64. 车床夹具的夹具体应设计成圆形机构，夹具上各元件不应突出夹具体的轮廓。（ ）

65. 加工表面的回转轴线与安装基准面垂直的工件可直接在花盘上装夹。（ ）

66. 用主轴心棒作为主轴中心比用尾座心棒准确。（ ）

67. 两外圆轴线平行并保持一定距离的零件称为偏心零件。（ ）

68. 在钻偏心中心孔时，只要划对中心距就可以加工了。（ ）

69. 用百分表在两顶尖间测量偏心距，工件转一圈后，百分表的读数差为实际偏心距。（ ）

70. 为防止薄壁零件变形，在车削时应先车好外圆再车内孔。（ ）

71. 若跟刀架卡爪搭得过紧，加工中会出现竹节形缺陷。（ ）

72. 细长轴刚度低，车削时容易振动和弯曲。（ ）

73. 一夹一顶装夹细长轴时，夹住部分应长些。（ ）

74. 深孔加工的主要问题是排屑难，因孔内的实际情况无法观察到。（ ）

75. 型号 CA6140 的后两位数表示床身上最大工件回转直径为 400 mm。（ ）

76. 在 CA6140 型车床上，增大螺距而主轴不转动，仍可以使丝杠带动床鞍，以进行拉油槽、键槽等的加工。（ ）

77. 主轴承间隙过小，不会影响机床正常工作。（ ）

78. 进给箱的作用主要是改变进给量和螺距大小。（ ）

79. CA6140 型车床可以不使用另外的交换齿轮车米制螺纹、英制螺纹。（ ）

80. 开合螺母分开时，溜板箱和刀架就不动了。（ ）

81. 多片摩擦离合器可以在动态下随时进行离合操作。（ ）

82. 过载保护机构就是超越离合器。（ ）

83. 有了安全保护装置，可在床身上装挡铁，使床鞍撞上挡铁而停止进给，这样可自动控制车削长度。（ ）

84. CA6140 型车床的互锁机构使床鞍不能同时有两种进给，但中滑板还是能进给的。（ ）

85. 制动轮装在车床主轴上。（ ）

86. 中滑板上丝杆螺母间隙大，不影响车削工件。（　　）

87. 在立式车床上可以加工大直径工件，但不能加工薄壁零件。（　　）

二、单项选择题（选择一个正确的答案，将相应的字母填入题内的括号中）

1. 切削过程是指材料被刀具挤压、变形、（　　），形成切屑的过程。

A. 剪切滑移　B. 摩擦　C. 滚压　D. 剪切

2. 铣削加工时工件做直线或曲线运动，这是(　　)。

A. 轴向运动　B. 进给运动　C. 回转运动　D. 纵向运动

3. 磨削加工时刀具做(　　)。

A. 轴向运动　B. 进给运动　C. 直线运动　D. 旋转运动

4. 切削层决定切屑的尺寸及刀具切削部分的(　　)。

A. 横截面积　B. 宽度　C. 厚度　D. 载荷

5. 切削层公称(　　)是指在给定瞬间，作用于主切削刃截形上两个极限点间的距离，单位为 mm。

A. 横截面积　B. 宽度　C. 厚度　D. 深度

6. 在同一瞬间的切削层公称横截面积与其公称宽度之比称为切削层公称(　　)。

A. 横截面积　B. 宽度　C. 厚度　D. 深度

7. 在车床上利用(　　)来改变毛坯的形状和尺寸。

A. 工件的移动和刀具的直线运动或曲线运动

B. 工件的旋转运动和刀具的直线运动或曲线运动

C. 刀具的旋转运动和工件的直线运动或曲线运动

D. 刀具的移动和工件的直线运动或曲线运动

8. 切削力波动最小的切屑是(　　)切屑。

A. 单元　B. 节状　C. 带状　D. 崩碎

9. 切削中工件转一转时，车刀相对工件的位移量称为（　　）。

A. 切削速度　B. 进给量　C. 背吃刀量　D. 转速

10. 积屑瘤的产生使工件表面粗糙度值增大，工件尺寸精度(　　)。

A. 降低　B. 提高　C. 不定　D. 不变

11. 积屑瘤的产生可降低切削力和切削热，对(　　)。

A. 刀具不利　　B. 粗加工有利　　C. 精加工有利　　D. 加工不利

12. 积屑瘤增大会使(　　)。

A. 切削厚度增大　　B. 进给量减小

C. 切削厚度减小　　D. 进给量增大

13. 积屑瘤改变刀具的(　　)，影响刀具在切削过程中的挤压、摩擦和切削力。

A. 刀尖角　　B. 前角　　C. 后角　　D. 刃倾角

14. 当工件塑性小、硬度较高时，积屑瘤产生的可能性和积屑瘤的高度也(　　)。

A. 增大　　B. 不变　　C. 减小　　D. 以上都对

15. 切削速度大于(　　)m/min 可降低工件表面粗糙度值，积屑瘤很小或没有。

A. 30　　B. 120　　C. 80　　D. 100

16. 切削速度小于(　　)m/min 可降低工件表面粗糙度值，积屑瘤很小或没有。

A. 30　　B. 60　　C. 5　　D. 10

17. 表面硬化会增大工件(　　)。

A. 残余应力　　B. 弯曲　　C. 变形　　D. 材料特性的改变

18. 工件表面硬化对精车(　　)。

A. 有利　　B. 不利　　C. 有利有弊　　D. 以上都对

19. 增大(　　)可以减小已加工表面的硬化。

A. 后角　　B. 刀尖圆弧半径　　C. 刀具硬度　　D. 切削液用量

20. 车削铝合金工件，因其硬度和强度低，切削力小，所以刀片材料选用(　　)。

A. W18Cr4V　　B. W6Mo5Cr4V2Al

C. W2Mo9Cr4VCo8　　D. YG6

21. 车削高锰钢工件，材料塑性大，加工表面硬化严重，硬度比原基体高，刀片材料选用(　　)。

A. W18Cr4V　　B. W6Mo5Cr4V2Al

C. W2Mo9Cr4VCo8　　D. YG6

22. 作用在刀具前面、后面上的变形抗力分别用(　　)表示。

A. F_c　　B. $F_{n\gamma}$ 和 $F_{n\alpha}$　　C. $F_{f\gamma}$ 和 $F_{f\alpha}$　　D. F_p 和 F_f

23. 加大前角能使车刀锋利，减小切屑变形，减小切屑与前面的摩擦，从而（　　）切削力。

A. 减小　　B. 不影响　　C. 增大　　D. 以上都对

24. 背向力（　　）是总切削力 F 在垂直于假定工作平面方向上的分力。

A. F_p　　B. F_c　　C. F_f　　D. $F_{f\alpha}$

25. 由于主切削力的存在，粗车细长轴时车刀应该装得（　　）。

A. 稍高于工件中心　　B. 对准工件中心

C. 稍低于工件中心　　D. 以上都对

26. 关于各切削分力，下列选项中（　　）的说法是不正确的。

A. 垂直分力消耗机床大部分功率

B. 径向分力（背向力）不消耗机床功率

C. 轴向分力不消耗机床功率

D. 径向分力对车削细长轴影响很大

27. 直接影响切削过程的是切削温度，切削温度一般是指（　　）与切屑接触区域的平均温度。

A. 前面　　B. 后面　　C. 已加工表面　　D. 待加工表面

28.（　　）对切削温度影响最大，随着其提高，切削温度迅速上升。

A. 切削速度　　B. 背吃刀量　　C. 塑性变形　　D. 切屑变形

29. 传入工件的热会使工件产生（　　）。

A. 热变形　　B. 热辐射　　C. 振动　　D. 以上都对

30. 切削温度随刀具前角的增大而（　　）。

A. 降低　　B. 升高　　C. 不变　　D. 以上都对

31. 主偏角 κ_r 减小时，切削宽度增大，切削厚度减小，因此切削变形和摩擦增大，切削温度（　　）。

A. 降低　　B. 升高　　C. 不变　　D. 以上都对

32. 切削温度一般指前面与切屑接触区域的（　　）温度。

A. 最高　　B. 最低　　C. 平均　　D. 瞬时

33. 切削热的来源是切屑变形功和刀具前面、后面的（　）。

A. 摩擦功　　B. 挤压　　C. 变形　　D. 剪切

34. 粗加工时，应尽量保证较高的金属切除率和必要的刀具寿命，所以一般优先选择尽可能大的（　）。

A. 进给量　　B. 切削速度　　C. 背吃刀量　　D. 切削用量

35. 合理的切削用量是指充分利用刀具的切削性能和（　），在保证加工质量的前提下，获得高的生产率和低的加工成本的切削用量。

A. 加工方法　　B. 机床性能　　C. 技术保障　　D. 工装夹具

36. 切削液可分为油基切削液、（　）和合成切削液。

A. 乳化液　　B. 半合成切削液　　C. 氨基醇　　D. 消泡剂

37. 切削液各项指标均优于皂化油，它具有良好的（　）、清洗、防锈等作用。

A. 耐用　　B. 冷却　　C. 洁净　　D. 无毒无味

38. （　）的耐热温度在200～300℃之间，只能适用于一般材料的切削，在高温下硬度会降低。

A. 硬质合金刀具　　B. 陶瓷刀具

C. 工具钢刀具　　D. 金刚石刀具

39. 选用切削液时，要考虑硬质合金对骤热的敏感性，尽可能使刀具均匀受热，否则会导致崩刃，所以经常采用（　）。

A. 油基切削液　　B. 水基切削液　　C. 乳化液　　D. 干切削

40. 车削加工中，粗加工的目的是尽快地从毛坯上切去大部分加工余量，使工件（　）最后的形状和尺寸。

A. 接近　　B. 符合　　C. 大于　　D. 以上都不对

41. 对表面质量要求不高的工件可加大进给量，但是不应产生（　）。

A. 毛刺　　B. 条纹　　C. 波纹　　D. 倒角

42. 工件有锥度，不可能是（　）造成的。

A. 刀具磨损　　B. 导轨磨损

C. 主轴箱轴线弯曲度超差　　D. 切削力过大

43. 零件表面微观几何形状误差称为（　　）。

A. 冷作硬化　　B. 表面波纹度

C. 表面粗糙度　　D. 表层金相组织变化

44. 车削加工最基本的操作是(　　)。

A. 外圆车削　　B. 端面车削　　C. 内孔车削　　D. 台阶车削

45. 车削加工时刀具做直线运动，这是(　　)。

A. 轴向运动　　B. 进给运动　　C. 回转运动　　D. 纵向运动

46. 镗削加工通常作为大型零件和箱体零件上孔的(　　)工序。

A. 粗加工　　B. 半精加工

C. 精加工　　D. 半精加工和精加工

47. 镗削加工的切削运动由刀具(　　)实现。

A. 轴向进给　　B. 纵向进给　　C. 回转运动　　D. 往复运动

48. 圆锥配合可传递(　　)的转矩。

A. 较小　　B. 中等　　C. 较大　　D. 一般

49. 圆锥配合经多次装卸，仍能保证精确的(　　)作用。

A. 配合　　B. 传动　　C. 离心　　D. 定心

50. 圆锥配合的同轴度高，拆卸方便，当圆锥角(　　)时，能传递很大的转矩，因此在机器制造中被广泛采用。

A. $\alpha<1^\circ$　　B. $\alpha<3^\circ$　　C. $\alpha<10^\circ$　　D. $\alpha<30^\circ$

51. 常用工具、刀具上的圆锥采用（　　）。

A. 英制圆锥　　B. 米制圆锥

C. 莫氏圆锥和米制圆锥　　D. 标准圆锥

52. 圆锥台大端直径与小端直径之差除以圆锥台高度，所得参数为(　　)。

A. 圆锥角　　B. 圆锥半角　　C. 锥度　　D. 斜度

53. 已知圆锥基本参数 $C=1:5$，$D=32$ mm，$L=40$ mm，则 $d=$(　　) mm。

A. 20　　B. 24　　C. 26　　D. 28

54. 莫氏圆锥分为(　　)个号。

A. 7　　B. 6　　C. 5　　D. 4

55. 米制圆锥的锥度是固定不变的，即 $C=$(　　)。

A. 1∶16　　B. 1∶20　　C. 1∶12　　D. 1∶24

56. 圆锥台大、小端直径之差与高度之比的计算公式是(　　)。

A. $C=\frac{D-d}{L}$　　B. $C=\frac{D-d}{2L}$　　C. $D=d-C$　　D. $d=D-C$

57. 斜度和锥度的关系是(　　)。

A. $C=M$　　B. $C=2M$　　C. $M=2C$　　D. $M=C/4$

58. 当圆锥半角$\frac{\alpha}{2}<6°$时，可用近似公式(　　)计算圆锥角。

A. $\alpha/2\approx28.7°$　　B. $\alpha/2\approx28.7°\times C$　　C. $\alpha/2\approx28°\times C$　　D. $\alpha/2\approx28°$

59. 车削锥度较大、长度较短的工件时，一般采用(　　)。

A. 转动小滑板法　　B. 偏移尾座法　　C. 靠模车削法　　D. 宽刃刀车削法

60. 加工长度较长、锥度较小的外圆锥工件，一般可采用(　　)。

A. 转动小滑板法　　B. 偏移尾座法　　C. 靠模车削法　　D. 成形刀法

61. 加工长度较长、精度较高的外圆锥工件，一般可采用(　　)。

A. 转动小滑板法　　B. 偏移尾座法　　C. 靠模车削法　　D. 成形刀法

62. 采用近似公式 $\alpha/2\approx28.7°\times C$ 计算圆锥角 α 时，圆锥半角应在(　　)以内。

A. 2°　　B. 4°　　C. 6°　　D. 8°

63. 内锥孔加工的方法有（　　）、转动小滑板法、靠模车削法。

A. 铰锥孔法　　B. 偏移尾座法　　C. 两顶尖车削法　　D. 成形刀法

64. 已知圆锥基本参数 $C=1:10$，$D=32$ mm，$L=40$ mm，则 $d=$(　　)mm。

A. 20　　B. 24　　C. 26　　D. 28

65. 圆锥孔车削方法一般有(　　)。

A. 转动小滑板法或靠模车削法　　B. 偏移尾座法

C. 两顶尖车削法　　D. 成形刀法

66. 铰削加工的内圆锥精度(　　)。

A. 比车削的低　B. 比车削的高　C. 与车削的相同　D. 以上都对

67. 车削60°圆锥面可采用的加工方法是（　）。

A. 转动小滑板法　B. 靠模车削法　C. 偏移尾座法　D. 成形刀法

68. 尾座偏移量的计算公式是（　）。

A. $S=\frac{L_0(D-d)}{2L}$　B. $S=\frac{D-d}{2L}$

C. $S=\frac{D-d}{L_0}$　D. $S=\frac{DL_0}{2L}$

69. 立式车床的（　）可转一角度车锥体。

A. 中滑板　B. 滑板　C. 滑座　D. 刀架

70. 已知圆锥体工件 $D=80$ mm，$d=75$ mm，$L=100$ mm，$L_0=120$ mm，则尾座偏移量（　）。

A. $S=2$ mm　B. $S=3$ mm　C. $S=4$ mm　D. $S=1$ mm

71. 当内锥孔的直径和锥度较大时，车孔后应留铰削余量（　）mm。

A. 0.1～0.15　B. 0.2～0.3　C. 0.4～0.5　D. 0.5～0.6

72. 铰锥孔时应采用（　）。

A. 大切削用量，加注切削液　B. 大切削用量，不加注切削液

C. 小切削用量，不加注切削液　D. 小切削用量，充分加注切削液

73. 铰孔时，机床主轴（　）。

A. 只能倒转，不能顺转　B. 根据需要确定转向

C. 只能顺转，不能倒转　D. 不能顺转，也不能倒转

74. 车圆锥时，出现双曲线误差是由于（　）。

A. 刀尖与工件回转中心等高　B. 刀尖高于主轴轴线

C. 刀尖低于主轴轴线　D. 刀尖与工件回转中心不等高

75. 车圆锥时，刀尖与工件回转中心不等高则产生（　）误差。

A. 圆度　B. 双曲线　C. 尺寸　D. 同轴度

76. 对于配合精度要求较高的锥体零件，在工厂中一般采用（　）检查接触面面积大小。

A. 涂色检验法　B. 游标万能角度尺

C. 角度样板　　D. 游标卡尺

77. 在检验标准圆锥或配合精度要求较高的工件时，可用(　　)。

A. 游标万能角度尺　　B. 角度样板

C. 圆锥塞规或圆锥套规　　D. 正弦规

78. 可传递转矩的圆锥配合工具，其公差等级为(　　)。

A. IT3～IT1　　B. IT6～IT4　　C. IT8～IT7　　D. IT10～IT9

79. 对数量较少或单件的成形面工件，可采用(　　)进行车削。

A. 成形法　　B. 专用工具　　C. 仿形法　　D. 双手控制法

80. 成形车刀有(　　)种。

A. 1　　B. 2　　C. 3　　D. 4

81. 用成形车刀车削圆锥面，其精度主要由(　　)保证。

A. 机床　　B. 夹具　　C. 刀具　　D. 操作者

82. 螺纹按其母体形状可分为圆柱螺纹和(　　)。

A. 斜螺纹　　B. 圆锥螺纹　　C. 管螺纹　　D. 蜗杆

83. 螺纹按其螺旋线线数可分为单线螺纹和(　　)。

A. 多线螺纹　　B. 双线螺纹　　C. 三线螺纹　　D. 四线螺纹

84. 螺纹按用途可分为连接螺纹和(　　)。

A. 斜螺纹　　B. 圆锥螺纹　　C. 管螺纹　　D. 传动螺纹

85. 车削材料为中碳钢的普通内螺纹，计算孔径的近似公式为(　　)。

A. $D_1=D-P$　　B. $h=0.541\ 3P$

C. $D_1=d-1.082\ 5P$　　D. $d_2=d-0.649\ 5P$

86. 螺纹牙型高度的计算公式为(　　)。

A. $D_1=D-P$　　B. $h=0.541\ 3P$

C. $D_1=d-1.082\ 5P$　　D. $d_2=d-0.649\ 5P$

87. 普通螺纹中径的计算公式为(　　)。

A. $D_1=D-P$　　B. $h=0.541\ 3P$

C. $D_1=d-1.082\ 5P$　　D. $d_2=d-0.649\ 5P$

88. 普通螺纹的牙型角是(　　)。

A. 30°　　B. 40°　　C. 55°　　D. 60°

89. 米制梯形螺纹的牙型角是(　　)。

A. 30°　　B. 40°　　C. 55°　　D. 60°

90. 英制螺纹应用较少，螺纹的牙型角为(　　)。

A. 30°　　B. 40°　　C. 55°　　D. 60°

91. 高速车削普通螺纹时，车螺纹前的工件外径应(　　)螺纹大径。

A. 等于　　B. 略大于　　C. 略小于　　D. 以上都对

92. 精车时，必须用(　　)才能使螺纹的两侧面都获得较小的表面粗糙度。

A. 直进法　　B. 斜进法　　C. 左右切削法　　D. 车直槽法

93. 车削过程中，除了横向进刀外，同时利用小滑板把车刀向左或向右做微量进给的方法称为(　　)。

A. 直进法　　B. 斜进法　　C. 左右切削法　　D. 车直槽法

94. 用(　　)测量外螺纹中径是一种比较精密的测量方法。

A. 游标卡尺　　B. 螺纹量规　　C. 单针　　D. 三针

95. 用单针和三针测量螺纹中径时，当螺纹升角大于(　　)时，会产生较大的测量误差。

A. 2°　　B. 4°　　C. 6°　　D. 8°

96. 采用螺纹量规测量是一种(　　)测量方法。

A. 角度　　B. 螺距　　C. 螺纹中径　　D. 综合

97. (　　)越大，牙型角误差越大。

A. 牙型角　　B. 后角　　C. 螺纹升角　　D. 前角

98. 开合螺母间隙过大，可能导致(　　)。

A. 牙型不正确　　B. 螺纹表面质量差

C. 扎刀　　D. 螺距不正确

99. 刀杆伸出长度合理，稍降低切削速度能提高螺纹的(　　)。

A. 牙型准确度　　B. 表面质量　　C. 测量精度　　D. 螺距精度

100. 用板牙和丝锥切削钢件螺纹，切削速度一般取（　　）m/min。

A. 2　　B. 2.5　　C. 3～4　　D. 6～9

101. 一般公称直径不大于（　　）的螺纹可用圆板牙直接套出来。

A. 30 mm或螺距小于2 mm　　B. 16 mm或螺距小于2 mm

C. 10 mm或螺距小于2 mm　　D. 16 mm或螺距小于3 mm

102. 套螺纹前必须检查（　　）或有无损坏。

A. 机床精度　　B. 螺纹板牙刃口是否锋利

C. 工件表面质量　　D. 夹具夹紧力

103. 轴向剖面形状是一个等腰梯形的螺纹称为（　　）。

A. 普通螺纹　　B. 梯形螺纹　　C. 连接螺纹　　D. 传动螺纹

104. 梯形螺纹槽底宽的计算公式为（　　）。

A. $W=0.366P-0.536a_c$　　B. $d_2=d-0.5P$

C. $h_3=0.5P+a_c$　　D. $L=nP$

105. 螺纹代号Tr38表示公称直径$d=38$ mm的米制（　　）。

A. 斜螺纹　　B. 梯形螺纹　　C. 普通螺纹　　D. 蜗杆

106. 梯形螺纹的中径是一个假想圆柱的直径，其计算公式为（　　）。

A. $W=0.366P-0.536a_c$　　B. $d_2=d-0.5P$

C. $h_3=0.5P+a_c$　　D. $L=nP$

107. 梯形螺纹的牙型高度是梯形螺纹牙顶到牙底的垂直距离，牙型高度的计算公式为（　　）。

A. $W=0.366P-0.536a_c$　　B. $d_2=d-0.5P$

C. $h_3=0.5P+a_c$　　D. $L=nP$

108. 梯形螺纹一般采用（　　）切削，其刀具材料为高速钢（W18Cr4V）。

A. 低速　　B. 高速　　C. 中速　　D. 快速

109. 米制梯形螺纹车刀的刀尖角应与梯形螺纹的牙型角相等，取（　　）。

A. 55°　　B. 60°　　C. 30°　　D. 29°

110. 梯形螺纹一般采用（　　）加工。

A. 直进法　　B. 斜进法

C. 左右切削法　　D. 车直槽法

111. 蜗杆传动与齿轮传动相比，具有（　　）等突出特点。

A. 传递功率高、效率高　　B. 材料便宜、互换性好

C. 传动比大、平稳、无噪声　　D. 传动发热大

112. 车削梯形螺纹时要考虑螺纹的(　　)，确定车刀两侧副后角的增减。

A. 左、右旋向和螺距的大小　　B. 左、右旋向和螺纹升角的大小

C. 精度　　D. 切削速度

113. 采用三针测量法或单针测量法测量精度高、螺纹升角大于（　　）的螺纹会产生测量误差。

A. 2°　　B. 4°　　C. 5°　　D. 10°

114. 三针测量法的计算公式为(　　)。

A. $W=0.366P-0.536a_c$　　B. $d_2=d-0.5P$

C. $h_3=0.5P+a_c$　　D. $M=d_2+4.864d_D-1.866P$

115. 蜗杆、蜗轮适用于(　　)运动的传递机构中。

A. 减速　　B. 增速　　C. 等速　　D. 以上都对

116. 阿基米德螺旋线圆柱蜗杆是(　　)。

A. 轴向直廓蜗杆　　B. 法向直廓蜗杆

C. ZN 蜗杆　　D. TX 蜗杆

117. 米制蜗杆的齿形角为(　　)。

A. 40°　　B. 20°　　C. 30°　　D. 29°

118. 英制蜗杆的齿形角为(　　)。

A. 40°　　B. 29°　　C. 30°　　D. 60°

119. 蜗杆的齿顶高为(　　)。

A. m_x　　B. $0.5m_x$　　C. $1.2m_x$　　D. $0.8m_x$

120. 米制蜗杆的导程角公式是(　　)。

A. $\tan\gamma=m_x z\pi d_1$　　B. $\tan\gamma=m_x\pi d_1$

C. $\tan\gamma = m_x z/d_1$　　　D. $\tan\gamma = m_x z/\pi d_1$

121. 为了保证蜗杆的齿形准确，精车刀的(　　)前角应为0°。

A. 法向　　B. 横向　　C. 纵向　　D. 任一

122. 车削右旋延长渐开线蜗杆时，左、右切削刃的刃磨前角应(　　)。

A. 一样大　　B. 左大右小　　C. 左小右大　　D. 以上都对

123. 采用旋风切削螺纹时，旋风头轴线与工件轴线的倾角要(　　)螺纹升角。

A. 小于　　B. 等于　　C. 大于　　D. 小于或大于

124. 在车削梯形内螺纹时，与进刀方向相反的后角(　　)。

A. 减小　　B. 增大　　C. 不变　　D. 以上都对

125. 精车螺纹时，为了使车削顺利，应将螺纹车刀(　　)。

A. 倾斜一个螺旋角安装

B. 与进给方向相反方向的切削刃的前角磨大

C. 与进给方向相同方向的切削刃的前角磨大

D. 以上都对

126. 用有纵向前角的螺纹车刀车出的螺纹轮廓是(　　)。

A. 直线　　B. 曲面　　C. 平面　　D. 不定的

127. 在精车螺纹时，螺纹车刀左、右工作前角应(　　)，所以刃磨时进给方向的前角要磨得小些。

A. 增大　　B. 减小　　C. 一样大　　D. 以上都对

128. 在精车螺纹时，螺纹车刀左、右工作前角应一样大，所以刃磨时进给方向的前角要磨得(　　)。

A. 小些　　B. 大些　　C. 一样大　　D. 以上都对

129. 精车蜗杆的切削速度应(　　)。

A. 取15～20 m/min　　B. 大于5 m/min

C. 小于5 m/min　　D. 小于10 m/min

130. 精车多线蜗杆时，不应将(　　)车好再换车另一条线。

A. 一条底径　　B. 一侧面　　C. 一个齿　　D. 螺距

131. 粗车蜗杆时，为了切削顺利，车刀纵向前角可取(　　)左右。

A. 15°　　B. 0°　　C. 30°　　D. 40°

132. 双线梯形螺纹的牙型高度为(　　)。

A. $0.5P+a_c$　　B. $2\times(0.5P+a_c)$

C. $0.5P$　　D. P

133. 多线螺纹的螺距是(　　)的。

A. 等分　　B. 不等分　　C. 不一定等分　　D. 以上都对

134. 多线螺纹常用于(　　)传动中。

A. 慢速　　B. 降速　　C. 快速　　D. 提速

135. 多线螺纹的导程等于其螺距与(　　)的乘积。

A. 工件直径　　B. 线数　　C. 模数　　D. 长度

136. 车右螺纹时，刀尖左侧的后角等于工作后角(　　)螺纹升角。

A. 减去　　B. 加上　　C. 乘以　　D. 除以

137. 多线蜗杆的导程为(　　)。

A. $\pi m_x z$　　B. $m_x z$　　C. πm_x　　D. πz

138. 车削多线螺纹，使用圆周法分线时，仅与螺纹的(　　)有关。

A. 中径　　B. 螺距　　C. 导程　　D. 线数

139. 用交换齿轮分线比较精确，所以多在(　　)生产中应用。

A. 大批　　B. 单件、小批量　　C. 大量　　D. 多件

140. 用小滑板分线时，(　　)。

A. 小滑板应与主轴中心线垂直　　B. 小滑板应与主轴中心线平行

C. 随便什么角度都可以　　D. 对小滑板无要求

141. 用百分表分线法车削多线螺纹时，其分线齿距一般在(　　)mm 之内。

A. 5　　B. 10　　C. 20　　D. 30

142. 在多线螺纹工件的技术要求中，要求所有加工表面不能使用锉刀、(　　)等修整。

A. 砂布　　B. 研磨粉　　C. 油石　　D. 磨料

143. 粗车第一条螺旋槽后，再车另一条螺旋槽时，中滑板刻度(　　)。

A. 应与第一条加工时的刻度相同

B. 应与第一条加工时的刻度不相同

C. 不一定与第一条加工时的刻度相同

D. 不做要求

144. 三针测量 Tr40×10 的梯形螺纹，最佳量针直径应是(　　) mm。

A. 5.18　　B. 4.24　　C. 3.5　　D. 1.01

145. 测量多线蜗杆时，可用齿厚游标卡尺跨(　　)齿进行测量，一共测 z 次，并将测得的数据做比较，就可以得到分线误差。

A. z　　B. $z+1$　　C. $z+2$　　D. $z-1$

146. 三针测量法可用来测量螺纹的(　　)。

A. 大径　　B. 中径　　C. 小径　　D. 公称直径

147. 车床长丝杠螺距为 6 mm，在车螺距为 6 mm 的双线螺纹时(　　)。

A. 会乱牙　　B. 不会乱牙

C. 不能确定是否乱牙　　D. 正常

148. 车床长丝杠螺距为 12 mm，在车螺距为 5 mm 的双线螺纹时，为避免乱牙，可以(　　)。

A. 拔起开合螺母　　B. 不拔起开合螺母

C. 开倒顺车　　D. 配交换齿轮

149. 车床长丝杠螺距为 12 mm，在车螺距为(　　)mm 的双线螺纹时，可以拔起开合螺母，以避免乱牙。

A. 3　　B. 7　　C. 5　　D. 11

150. 车蜗杆时计算出来的单式交换齿轮，有(　　)个齿轮是安装在交换齿轮架上的，另两个分别安装在主轴输出轴（上轴）和进给箱输入轴（下轴）上。

A. 3　　B. 2　　C. 1　　D. 4

151. 车蜗杆时计算出来的复式交换齿轮，有(　　)个齿轮是安装在交换齿轮架上的，另两个分别安装在主轴输出轴（上轴）和进给箱输入轴（下轴）上。

A. 3　　B. 1　　C. 2　　D. 4

152. 在CA6140型车床上由加工米制螺纹改为加工米制蜗杆时，(　　)。

A. 要调换交换齿轮　　B. 不要交换齿轮

C. 要将上轴齿轮与下轴齿轮互换位置　　D. 以上都对

153. 要使定位能正常实现，必须使工件上的(　　)与夹具中的定位元件相接触。

A. 设计基准　　B. 定位基面　　C. 测量基准　　D. 工艺基准

154. (　　)就是在加工中用于定位的基准。

A. 设计基准　　B. 工艺基准　　C. 测量基准　　D. 定位基准

155. 工件在夹具中要想获得正确定位，首先应正确选择(　　)。

A. 定位基准　　B. 工艺基准　　C. 测量基准　　D. 设计基准

156. 完全定位后，工件在空间的位置(　　)。

A. 是唯一确定的　　B. 可能不唯一确定

C. 能否确定要看是否夹紧　　D. 一定不唯一确定

157. 在完全定位中，工件有(　　)个自由度被限制。

A. 3　　B. 6　　C. 5　　D. 4

158. 将平面工件放在铣床工作台面上，还剩下1个轴的转动和(　　)个轴的移动自由度未被限制。

A. 2　　B. 1　　C. 3　　D. 4

159. 完全定位(　　)保证工件的定位精度。

A. 不能　　B. 能　　C. 不一定能　　D. 以上都不对

160. 用6个合理分布的支撑点限制工件的6个自由度，使工件在机床或夹具中得到一个正确的加工位置，称为(　　)。

A. 重复定位　　B. 部分定位　　C. 完全定位　　D. 欠定位

161. 完全定位是指不重复地限制了工件(　　)个自由度的定位。

A. 4　　B. 5　　C. 6　　D. 7

162. 在满足加工要求的条件下，限制工件的自由度数少于6个为(　　)。

A. 重复定位　　B. 部分定位　　C. 完全定位　　D. 欠定位

163. 部分定位能限制的自由度数(　　)。

A. 多于6个　　B. 等于6个　　C. 少于6个　　D. 以上都不对

164. 三爪自定心卡盘夹持工件较长时可限制(　　)个自由度。

A. 2　　B. 6　　C. 5　　D. 4

165. 用四爪单动卡盘夹持工件，夹持部位较长，此时共限制工件4个自由度，属于（　　）。

A. 完全定位　　B. 部分定位　　C. 重复定位　　D. 欠定位

166. 一夹一顶的定位方法是（　　）。

A. 完全定位　　B. 部分定位　　C. 重复定位　　D. 欠定位

167. 只有工件和定位元件的精度非常高时，才允许(　　)。

A. 完全定位　　B. 重复定位　　C. 部分定位　　D. 欠定位

168. (　　)不能保证工件精度。

A. 欠定位　　B. 部分定位　　C. 重复定位　　D. 完全定位

169. 根据工件的加工技术要求，应该限制的自由度而没有被限制的定位称为（　　）。

A. 欠定位　　B. 部分定位　　C. 重复定位　　D. 完全定位

170. 工件的(　　)个自由度都得到限制，工件在夹具中只有唯一的位置，这种定位称为完全定位。

A. 4　　B. 5　　C. 6　　D. 7

171. (　　)适用于精加工后的平面定位。

A. 支撑钉　　B. 支撑板　　C. 可调支撑　　D. 辅助支撑

172. (　　)是以外圆柱面定心、端面压紧来装夹工件的。

A. 圆柱心轴　　B. 小圆锥心轴　　C. 圆锥心轴　　D. 螺纹心轴

173. 小锥度心轴锥体的锥度很小，常用的锥度范围为(　　)。

A. 1/2 000～1/1 000　　B. 1/3 000～1/1 000

C. 1/4 000～1/1 000　　D. 1/5 000～1/1 000

174. 中滑板丝杆螺母由正、副螺母和一个(　　)组成。

A. 平垫铁　　B. 塞铁　　C. 楔块　　D. 圆锥销

175. 平头支撑钉适用于(　　)的定位。

A. 未加工平面　　B. 已加工平面

C. 未加工过的侧平面　　D. 以上都对

176. 工件以两孔一面为定位基面，采用一面两销为定位元件，这种定位属于(　　)。

A. 完全定位　　B. 部分定位　　C. 重复定位　　D. 欠定位

177. 夹具上两个或两个以上的定位元件重复限制同一个自由度的现象称为(　　)。

A. 部分定位　　B. 完全定位　　C. 重复定位　　D. 欠定位

178. 采用小锥度心轴定位，车削后工件的同轴度可达(　　) mm。

A. 0.05～0.1　　B. 0.005～0.01　　C. 0.02～0.1　　D. 0.05～0.2

179. 定位实质上就是限制工件的(　　)。

A. 移动　　B. 转动　　C. 偏移　　D. 自由度

180. 需要多次装夹才能完成加工的轴类零件宜采用(　　)装夹，确保工件定心准确。

A. 三爪自定心卡盘　　B. 四爪单动卡盘

C. 两顶尖　　D. 一夹一顶

181. (　　)装夹方法的优点是安装刚度高、轴向定位准确。

A. 三爪自定心卡盘　　B. 四爪单动卡盘

C. 两顶尖　　D. 一夹一顶

182. 固定顶尖在切削加工中的优点是(　　)。

A. 定心正确、刚度高　　B. 定心精度和刚度稍低

C. 高速却不产生高热　　D. 与工件不发生摩擦

183. 套类零件加工时一般采用(　　)装夹。

A. 三爪自定心卡盘　　B. 四爪单动卡盘

C. 两顶尖　　D. 一夹一顶

184. 加工中工件(　　)时可选用小锥度心轴定位。

A. 力矩很小　　B. 力矩很大　　C. 转矩很小　　D. 转矩很大

185. 立式车床主轴是(　　)布置的，工件和工作台的重力由平面轴承和导轨承受，能长期保持机床精度。

A. 不同一方向　　B. 横向　　C. 纵向　　D. 垂直

186. 夹紧力的三要素包括大小、方向和(　　)。

A. 水平力　　B. 垂直力　　C. 作用点　　D. 作用力

187. 夹紧力的作用点应尽量处于(　　)较高的部位。

A. 韧性　　B. 强度　　C. 刚度　　D. 硬度

188. 夹紧力的作用点应靠近(　　)的几何中心。

A. 定位元件　　B. 辅助元件　　C. 夹紧元件　　D. 支撑元件

189. 夹紧力的作用点应保持工件定位(　　)，而不致引起工件位移或偏转。

A. 稳固　　B. 精确　　C. 良好　　D. 偏移

190. 夹紧力的作用点应尽可能地靠近工件被加工表面，以提高定位稳定性和(　　)可靠性。

A. 定位　　B. 夹紧　　C. 加工　　D. 移动

191. 夹紧力(　　)是指夹紧件与工件接触的一小块面积。

A. 大小　　B. 方向　　C. 作用点　　D. 作用力

192. 夹紧机构要有自锁机构，使原始作用力(　　)后，工件仍能保持夹紧状态，不会松开。

A. 不变　　B. 去除　　C. 增加　　D. 减弱

193. 夹紧装置要求结构简单、紧凑，并且有足够的(　　)。

A. 韧性　　B. 强度　　C. 刚度　　D. 压力

194. 螺旋夹紧装置的不足是(　　)。

A. 结构简单　　B. 结构复杂

C. 夹紧、放松费时　　D. 夹紧、放松费力

195. (　　)是夹紧机构十分重要并且十分必要的特性。

A. 自锁　　B. 结构紧凑　　C. 操作方便　　D. 刚度高

196. (　　)的优点是操作方便、夹紧迅速、结构紧凑，缺点是夹紧行程小、夹紧力小、自锁性能差。

A. 斜楔夹紧机构　　B. 螺旋夹紧机构

C. 偏心夹紧机构　　D. 动力源夹紧系统

197. 斜楔夹紧机构应根据需要确定斜角 α。凡有自锁要求的斜楔夹紧机构，其斜角 α 必须小于 2φ（φ 为摩擦角），通常取(　　)。

A. 2°～4°　　B. 4°～6°　　C. 6°～8°　　D. 8°～10°

198. 以内孔定位加工零件，采用软卡爪装夹工件时，软卡爪的定位环应放在卡爪的(　　)。

A. 里面　　B. 外面　　C. 里面或外面　　D. 任意位置

199. 采用软卡爪夹紧的目的是(　　)，消除夹紧力引起的变形。

A. 增大对工件的夹紧力　　B. 增大夹紧点的接触面积

C. 减小对工件的夹紧力　　D. 减小夹紧点的接触面积

200. 在批量车削加工中，为保证套类零件的同轴度和垂直度，常采用(　　)装夹工件。

A. 三爪自定心卡盘　　B. 四爪单动卡盘

C. 软卡爪　　D. 心轴

201. (　　)结构简单、夹紧可靠、操作方便，适用于加工内、外圆无同轴度要求或只需加工外圆的套筒类零件。

A. 小锥度心轴　　B. 四爪单动卡盘

C. 顶尖式心轴　　D. 一夹一顶

202. 心轴定位和装夹以(　　)作为定位基准来保证工件的同轴度和垂直度。

A. 内孔　　B. 外圆　　C. 端面　　D. 台阶平面

203. 轴类零件加工时，常用两个中心孔作为（　　）。

A. 精基准　　B. 粗基准　　C. 定位基准　　D. 测量基准

204. 盘类零件的轴向尺寸小，往往以（　　）作为（径向）定位基准，辅以端面配合。

A. 孔　　B. 端面　　C. 孔和端面　　D. 外圆

205. 当工件内孔精度很高而加工时工件力矩很小时，可选用(　　)定位。

A. 外花键轴　　B. 带台阶定位面的心轴

C. 小锥度心轴　　D. 一般心轴

206. 为便于夹紧和减小工件因间隙造成的倾斜，当工件定位内孔与基准端面垂直度精度较高时，常以(　　)定位。

A. 孔　　B. 端面　　C. 孔和端面联合　　D. 外圆

207. 夹具中的(　　)用于保证工件在夹具中的正确位置。

A. 定位元件　B. 辅助元件　C. 夹紧元件　D. 以上都不对

208. 为了保证尺寸精度和位置精度，应用(　)装夹零件。

A. 工作台　B. 卡盘　C. 台虎钳　D. 专用夹具

209. 使用V形架定位时，轴类零件以(　)为定位基准面。

A. 外圆柱面　B. 内圆柱面　C. 内锥面　D. 外锥面

210. (　)不属于夹具的组成部分。

A. 测量装置　B. 定位元件　C. 引导元件　D. 夹具体

211. (　)不属于夹具夹紧装置的组成部分。

A. 操作件　B. 传动装置　C. 动力装置　D. 夹紧元件

212. (　)不属于机床夹具的组成部分。

A. 机床　B. 定位元件　C. 引导元件　D. 夹具体

213. 采用机床夹具是为了保证(　)与定位基准面的位置精度。

A. 定位面　B. 加工面　C. 测量面　D. 安装面

214. 专用夹具不但可以保证加工质量，还可以提高(　)。

A. 精度　B. 圆度　C. 产量　D. 表面质量

215. 在(　)上无法装夹的工件，可用专用夹具进行装夹。

A. 工作台　B. 卡盘　C. 台虎钳　D. V形架

216. 夹具与机床的(　)用来确定夹具与机床主轴、工作台或导轨的相对位置。

A. 定位装置　B. 夹紧装置

C. 连接元件　D. 对刀和导向元件

217. 用于保证刀具与工件之间正确位置的元件为(　)。

A. 定位装置　B. 夹紧装置

C. 连接元件　D. 对刀和导向元件

218. 夹具的组成部分不包括(　)。

A. 定位装置　B. 夹紧装置

C. 工作台　D. 对刀和导向元件

219. (　)比槽系组合夹具具有更高的刚度，且结构紧凑。

A. T形槽系夹具　　B. 孔系组合夹具
C. 大型系列组合夹具　　D. 小型系列组合夹具

220. (　　)的元件可以多次使用，在变换加工对象后可以全部拆除，重新组装成新的夹具结构，以满足新工件的加工要求。

A. 车床夹具　　B. 镗模组合夹具
C. 组合夹具　　D. 典型数控机床夹具

221. (　　)的最终精度是靠组成元件的精度直接保证的。

A. 工艺设备　　B. 镗模组合夹具
C. 组合夹具　　D. 典型数控机床夹具

222. 能自动定心，工件装夹后一般无须找正，装夹工件方便、省时，但夹紧力不太大的夹具是(　　)。

A. 三爪自定心卡盘　　B. 四爪单动卡盘
C. 顶尖　　D. 一夹一顶

223. 将工件的定心、定位和夹紧结合在一起的机构称为(　　)。

A. 偏心夹紧机构　　B. 螺旋压板夹紧机构
C. 铰链夹紧机构　　D. 定心夹紧机构

224. 定心夹紧机构的特点是(　　)和夹紧元件是同一元件。

A. 机床　　B. 定位元件　　C. 引导元件　　D. 夹具体

225. 车床上的卡盘、中心架等属于（　　）夹具。

A. 通用　　B. 专用　　C. 组合　　D. 标准

226. 车床夹具主要由(　　)、角铁、压板等元件组合而成。

A. 卡盘　　B. 转盘　　C. 花盘　　D. 顶尖

227. (　　)车床夹具结构不对称，用于加工壳体、支座、杠杆接头等零件的回转面和端面。

A. 心轴类　　B. 角铁类　　C. 偏心类　　D. 花盘类

228. 校正跳动大的花盘(　　)时要精车一刀。

A. 内孔　　B. 外圆　　C. 平面　　D. 所有面

229. 第一个零件加工好后，对夹具应根据第一个零件的(　　)进行修正。

A. 公差　　B. 位置误差　　C. 尺寸误差　　D. 所有精度

230. 在花盘上装好工件后，还要装(　　)。

A. 压板　　B. 保险块　　C. 平衡块　　D. 角铁

231. 在校正角铁时，如有小的平行度误差，可垫(　　)解决。

A. 厚纸　　B. 薄纸　　C. 木片　　D. 铁片

232. 角铁上装上工件后，要装(　　)，以防止因机床抖动而影响加工精度。

A. 压板　　B. 保险块　　C. 平衡块　　D. 压紧螺钉

233. 角铁装在花盘上，另一面必须校正，使其与(　　)平行。

A. 工件　　B. 主轴中心

C. 刀具　　D. 工件、主轴中心、刀具

234. 在主轴或尾座的(　　)装上心棒，用其校正其他定位元件的位置。

A. 外圆　　B. 端面　　C. 锥孔　　D. 外圆和端面

235. 定位块校正后应用(　　)和螺钉固定。

A. 圆销　　B. 锥销　　C. 压板　　D. 垫圈

236. 在花盘或角铁上装上工件后，必须(　　)。

A. 校平衡　　B. 压紧　　C. 做振动试验　　D. 低速运转

237. 偏心距是偏心工件两中心线之间的(　　)。

A. 距离　　B. 夹角　　C. 跳动　　D. 位置精度

238. 若偏心距是2 mm，找另一中心时，百分表的读数差应是(　　) mm。

A. 2　　B. 4　　C. 1　　D. 8

239. 外圆和内孔组成的偏心零件称为(　　)。

A. 台阶孔　　B. 轴套　　C. 凸轮套　　D. 偏心套

240. 在四爪单动卡盘上可以装夹(　　)的偏心工件。

A. 长度较短　　B. 长度较长

C. 长度无要求　　D. 批量大

241. 若工件长度较长，并且偏心轴中心孔与工件基圆中心孔互不干涉，可用(　　)装

夹进行加工。

A. 四爪单动卡盘　　B. 三爪自定心卡盘

C. 偏心卡盘　　D. 两顶尖

242. 在找正偏心中心与基准中心平行时，应考虑到工件外圆（　　）的误差。

A. 尺寸　　B. 锥度　　C. 同轴度　　D. 位置

243. 采用三爪自定心卡盘装夹偏心件时，所需垫块厚度 X 的计算公式是（　　）。

A. $X=2e$　　B. $X=1.5e$　　C. $X=1.5e\pm k$　　D. $X=e\pm k$

244. 车削偏心距 $e=5$ mm 的工件，可用近似公式（　　）计算垫块厚度。

A. $X=8\pm k$　　B. $X=7.5\pm k$　　C. $X=7\pm k$　　D. $X=5\pm k$

245. 车削偏心距 $e=$（　　）mm 的工件，可用近似公式计算出垫块厚度 $X=4.5$ mm。

A. 6　　B. 3　　C. 4　　D. 2

246. 测量偏心距时，可将工件放在（　　）间用百分表测量。

A. 两顶尖　　B. 偏心套　　C. 角铁　　D. 平板

247. 用百分表在两顶尖间测量偏心距，工件转一圈后，百分表读数差的（　　）为实际偏心距。

A. 两倍　　B. 一半　　C. 数值　　D. 一倍

248. 被测零件偏心距较大时，可把工件放在（　　）上，用百分表测量。

A. 工作台　　B. 两顶尖　　C. 平板　　D. V 形架

249. 设计薄壁工件夹具时，夹紧力应（　　）夹紧。

A. 径向　　B. 轴向　　C. 径向和轴向　　D. 切向

250. 车薄壁零件时，为防止变形，车刀要（　　）。

A. 磨得锋利　　B. 磨出较大的刀尖圆弧半径

C. 后角较大　　D. 提高刀杆强度

251. 为减小热变形，车削薄壁工件时要加注充分的（　　）。

A. 柴油　　B. 机油　　C. 切削液　　D. 水

252. 当轴的长度与直径之比（L/D）大于（　　）时，称为细长轴。

A. 5　　B. 10　　C. 25　　D. 20

253. 车削细长轴时，在保证车刀有足够强度的前提下，尽量使刀具的(　　)增大。

A. 主偏角　B. 后角　C. 前角　D. 副偏角

254. 车削细长轴时，会因(　　)使工件伸长而弯曲。

A. 径向力　B. 切削力　C. 受热　D. 振动

255. 车削细长轴一般采用跟刀架，若卡爪搭得过紧会产生(　　)缺陷。

A. 波纹状　B. 竹节形　C. 弯曲　D. 条状

256. 跟刀架在工作时要跟踪监视卡爪的磨损情况，并应经常加(　　)润滑。

A. 切削油　B. 机油　C. 乳化液　D. 柴油

257. 用中心架支撑工件车内孔时，如出现内孔倒锥现象，则是由于中心架偏向(　　)造成的。

A. 操作者一方　B. 工件　C. 尾座　D. 前座

258. 车细长轴时，跟刀架卡爪与工件的接触压力太小或根本没有接触到，车出的工件会出现(　　)。

A. 竹节形缺陷　B. 多棱形缺陷　C. 频率振动　D. 弯曲变形

259. 加工好的细长轴，应将其(　　)。

A. 放在平板上　B. 吊起来　C. 两端搁在支架上　D. 平放在地上

260. 细长轴刚度低，受切削力影响容易引起(　　)。

A. 热变形　B. 伸长　C. 振动　D. 锥度

261. 车细长轴应尽量采用大的主偏角，以减小或抵消(　　)切削力。

A. 径向　B. 轴向　C. 主　D. 刀具

262. 用耐磨性好的刀具车细长轴，可减小轴全长的(　　)误差。

A. 同轴度　B. 锥度　C. 直线度　D. 振动

263. 车细长轴时，若采用(　　)，使推力变为拉力，可减小工件的弯曲变形。

A. 小进给　B. 反向进给　C. 大进给　D. 小背吃刀量

264. 深孔加工的主要问题是(　　)困难。

A. 断屑　B. 排屑　C. 冷却　D. 以上都对

265. 钻深孔所用切削液一般是(　　)。

A. 硫化切削油 B. 煤油 C. 乳化液 D. 机油

266. 扩孔钻镶有( )导向条，通过扩孔使深孔直线度达到图样要求。

A. 钢 B. 铜 C. 铝 D. 木头

267. ( )在密封条件下，高压油从钻头外部进入，切屑和油从钻头内部排出。

A. 内排式钻头 B. 外排式钻头 C. 枪钻 D. 喷吸钻

268. 关于喷吸钻，( )的说法是错误的。

A. 结构复杂 B. 属于内排屑钻头

C. 对油的压力和流量要求较高 D. 制造困难

269. 深孔钻的钻尖( )。

A. 在中心 B. 与麻花钻一样 C. 偏心 D. 与轴线等高

270. 车床型号 CA6150 中的 6 表示( )车床。

A. 卧式 B. 立式 C. 转塔 D. 数控

271. 机床型号 X6132 表示( )。

A. 刨床 B. 磨床 C. 卧式铣床 D. 卧式车床

272. 检验车头和尾座的高度时，要求尾座中心高于车头中心( ) mm。

A. 0.04 B. 0.06 C. 0.02 D. 0.01

273. 主轴前支撑承受主切削力和( )进给力。

A. 反向 B. 正向 C. 径向 D. 轴向

274. 主轴旋转精度直接影响工件的( )和表面粗糙度。

A. 同轴度 B. 加工精度 C. 圆度 D. 平行度

275. 主轴承间隙过大，切削时会产生跳动，并引起( )。

A. 噪声 B. 同轴度超差 C. 振动 D. 窜动

276. 进给箱可以直接连接丝杠，提高工件的( )。

A. 螺距精度 B. 传动精度 C. 进给精度 D. 表面精度

277. 当手柄拨到光杠位置时，丝杠( )。

A. 同时转 B. 不转 C. 分别转 D. 转速慢

278. 关于 CA6140 型车床的车螺纹传动系统，( )的说法是不正确的。

A. 可实现 4 倍或 16 倍扩大螺纹

B. 从米制螺纹改为英制螺纹时不必变换交换齿轮位置

C. 从米制螺纹改为米制蜗杆时不必变换交换齿轮位置

D. 可直接连接丝杠车精密螺纹

279. CA6140 型车床只要将两对双联齿轮（ ），就可加工米（英）制蜗杆或米（英）制螺纹。

A. 上下对调　B. 互搭　C. 反装　D. 以上都不对

280. CA6140 型车床的变向机构主要是改变（ ）的转动方向。

A. 长丝杠　B. 光杠　C. 交换齿轮　D. 米制或英制蜗杆

281. 进给箱不可改变（ ）。

A. 进给量　B. 进给方向　C. 米制或英制　D. 螺距

282. 在 CA6140 型车床上，变向手柄放在反方向位置（ ）进给方向。

A. 会改变　B. 不会改变　C. 可能改变　D. 以上都不对

283. 在 CA6140 型车床的进给变向机构上有“增大螺距”手柄，通过它可使螺距增大（ ）。

A. 2 倍或 4 倍　B. 4～16 倍　C. 2～16 倍　D. 4 倍或 16 倍

284. 溜板箱的功用是将丝杠或光杠传来的（ ），并带动刀架进给。

A. 往复运动转变为直线运动　B. 旋转运动转变为直线运动

C. 直线运动转变为旋转运动　D. 旋转运动转变为往复运动

285. 当进给手柄推上时，互锁机构起作用，使（ ）不能动作。

A. 进给手柄　B. 床鞍　C. 快速移动手柄　D. 开合螺母

286. 在溜板箱换向机构中，用来变换纵向、横向进给方向的系统是靠（ ）传递转矩的。

A. 开合螺母　B. 光杠　C. 丝杠　D. 联合器

287.（ ）靠相互压紧的接触面之间所产生的摩擦力传递运动和转矩。

A. 啮合式离合器　B. 摩擦式离合器

C. 超越离合器　D. 安全离合器

288. 多片式摩擦离合器由（ ）组摩擦片组成，每组由若干片内、外摩擦片交叠组成。

A. 1　　B. 2　　C. 4　　D. 若干

289. 摩擦离合器过松，会影响功率的正常传递，还会使(　　)磨损。

A. 主轴承　　B. 制动器　　C. 摩擦片　　D. 传动带

290. 机床制动器的作用是克服各传动轴的(　　)，使主轴迅速停止转动。

A. 动力　　B. 惯性　　C. 转速　　D. 进给

291. 制动器由制动轮、制动带、(　　)等零件组成。

A. 杠杆　　B. 拨叉　　C. 齿轮　　D. 离合器

292. CA6140 型车床停车手柄处于停车位置时主轴仍转动，此故障的排除方法是调松离合器或(　　)。

A. 主轴承　　B. 制动器　　C. 摩擦片　　D. 传动带

293. CA6140 型车床的(　　)中装有超越离合器。

A. 主轴箱　　B. 交换齿轮箱　　C. 进给箱　　D. 溜板箱

294. (　　)主要用在有快、慢两种速度交替传动的轴上，实现运动速度的自动转换。

A. 啮合式离合器　　B. 摩擦式离合器

C. 超越离合器　　D. 多片式摩擦离合器

295. 从动轴的转速可以超越主动轴的转速的离合器称为(　　)。

A. 啮合式离合器　　B. 超越离合器

C. 摩擦式离合器　　D. 多片式摩擦离合器

296. 当 CA6140 型车床的机构进给力过大时，能自动断开传动路线的装置称为(　　)。

A. 过载保护装置　　B. 超越离合器

C. 互锁机构　　D. 联动机构

297. 正常情况下，安全离合器在弹簧作用下，其两个半瓣(　　)是互相吻合的。

A. 齿轮　　B. 齿爪　　C. 离合器　　D. 齿套

298. 安全离合器的调整范围取决于机床许可的最大(　　)。

A. 进给量　　B. 弹簧压力　　C. 进给抗力　　D. 摩擦力

299. 不使开合螺母和进给机构同时工作的机构称为(　　)。

A. 互锁机构　　B. 保险机构　　C. 过载保护机构　　D. 联动机构

300. 立式车床适宜加工（　　）零件，因其装夹很方便。

A. 复杂　　B. 大型　　C. 小型　　D. 中型

301. 车螺纹时，开合螺母松动会影响工件的（　　）。

A. 进给　　B. 表面粗糙度　　C. 螺距　　D. 外形尺寸

302. 开合螺母的作用是传递机床（　　）的动力。

A. 主轴　　B. 齿轮　　C. 梯形丝杠　　D. 离合器

303. 调整间隙时，应将主螺母（　　），松开副螺母，拉紧楔块，再拧紧副螺母即可。

A. 松开　　B. 固定　　C. 保持不动　　D. 以上都不对

304. 中滑板丝杆螺母间隙大会影响（　　）。

A. 加速度　　B. 背吃刀量

C. 加工长度　　D. 工件外形精度

相关知识

一、判断题（将判断结果填入括号中。正确的填"√"，错误的填"×"）

1. 不准擅自拆卸机床上的安全防护装置，缺少安全防护装置的机床不准工作。（　　）
2. 交换齿轮箱远离操作者，没有盖没关系。（　　）
3. 不要用手触摸或测量正在旋转的工件。（　　）
4. 必须关闭电动机电源并等主轴停稳后才能变速。（　　）
5. 酸碱灭火器适用于一切燃烧物品。（　　）
6. 起吊前，要检查钢丝绳、尼龙绳是否损坏。（　　）
7. 进入工作场地必须穿戴好防护用品。（　　）
8. 磨削量大时可采用深度磨削法，横磨法适于磨削比较短或有台阶的工件。（　　）
9. 平磨时一般用电磁铁装夹工件，对薄板零件要反复翻身磨才能磨平。（　　）
10. 抛光是用抛光轮加抛光油等磨料对已精加工的工件进行修磨，以提高表面质量。（　　）
11. 铣床上，铣刀做旋转运动，工件和工作台做进给运动。（　　）

12. 镗床不能加工箱体等较大工件的平面。 ( )

13. 生产准备是指生产物资和技术的准备工作。 ( )

14. 使用设备要达到"四会",即会使用、会保养、会检查、会排除故障。 ( )

15. 专业技术管理包括日常技术改造管理、安全技术管理和职工技术教育。 ( )

16. 制造过程是在生产过程中直接改变生产对象的形状、尺寸、性能及相对位置关系的过程。 ( )

二、单项选择题(选择一个正确的答案,将相应的字母填入题内的括号中)

1. 利用毛细管作用,把油引到需润滑部位的润滑方式为( )。

A. 油绳润滑 B. 油脂润滑 C. 弹子油杯润滑 D. 浇油润滑

2. 在密封的齿轮箱内,利用齿轮的转动对各处进行润滑的方式为( )。

A. 油绳润滑 B. 溅油润滑 C. 弹子油杯润滑 D. 液压泵循环润滑

3. 机床每运行( ) h 要进行一级保养,以保证机床的加工精度并延长使用寿命。

A. 300 B. 500 C. 800 D. 1 000

4. 传动及进给机构的机械变速、刀具与工件的装夹与调整以及工序间的人工测量等,均应在切削终止及( )进行。

A. 刀具退离工件后 B. 停车后

C. 刀具退离工件后停车 D. 停车断电后

5. 在车床上操作,严禁戴( )。

A. 帽子 B. 手套 C. 眼镜 D. 袖套

6. 女工在进入车间前必须将头发( )。

A. 盘在头顶上 B. 剪短 C. 塞入工作帽内 D. 扎紧

7. 车工在操作机床中必须戴( )。

A. 手套 B. 帽子 C. 袖套 D. 防护眼镜

8. 砂轮机一定要装好( )。

A. 防护罩 B. 冷却水槽 C. 磨刀托架杆 D. 安全开关

9. 机床变速必须( )才能进行。

A. 等主轴停稳后 B. 在关闭电动机电源后

C. 在关闭电动机电源并等主轴停稳后　　D. 在机床断电后

10.（　　）灭火器适用于一般物品的火灾。

A. 水　　B. 酸碱　　C. 泡沫　　D. 干冰

11. 起吊物品时，不能从（　　）通过。

A. 机床上　　B. 设备上　　C. 操作人员上方　　D. 工件上

12. 起吊物品时，（　　）下严禁站人。

A. 吊具　　B. 设备　　C. 工件　　D. 机床

13. 起吊前要检查（　　）是否损坏。

A. 吊具　　B. 设备　　C. 工件　　D. 钢丝绳、尼龙绳

14. 工具箱内要整洁，（　　）不可互相挤压。

A. 刀具　　B. 扳手　　C. 工具、量具　　D. 工件

15. 主轴箱上不可放（　　）。

A. 任何东西　　B. 扳手　　C. 刀具　　D. 量具

16. 磨削温度很高，但有时也可以（　　）。

A. 湿磨　　B. 干磨　　C. 加油　　D. 珩磨

17. 磨削硬质合金材料时宜选用（　　）砂轮。

A. 棕刚玉　　B. 绿碳化硅　　C. 白刚玉　　D. 黑碳化硅

18. 外圆磨床磨内孔精度没有（　　）高。

A. 车床　　B. 无心磨床　　C. 内圆磨床　　D. 工具磨床

19. 外圆磨床一般都以（　　）装夹工件。

A. 两顶尖　　B. 三爪自定心卡盘

C. 四爪单动卡盘　　D. 一夹一顶

20. 磨削余量大时可采用（　　）。

A. 快速磨削法　　B. 来回磨削法　　C. 深度磨削法　　D. 横磨法

21. 平面磨床不可以磨削（　　）。

A. 平面　　B. 台阶平面　　C. 外圆　　D. 宽槽

22. 平面磨床是用电磁铁吸住工件磨削，所以（　　）零件不易磨平。

A. 薄板　　B. 厚　　C. 弯曲　　D. 箱体

23. 超精加工是利用细粒度的磨具在弹簧压力下做往复运动，慢速纵向进给实现(　　)磨削。

A. 微量　　B. 少量　　C. 适量　　D. 快速

24. 珩磨用(　　)对深孔进行磨削，可提高孔的尺寸精度。

A. 砂轮　　B. 砂条　　C. 油石　　D. 专用砂轮

25. 抛光只能(　　)，不能提高工件精度。

A. 降低工件表面的光洁程度　　B. 降低工件表面粗糙度

C. 降低工件表面质量　　D. 去除工件表面毛刺

26. 铣床上，铣刀做旋转运动，工件做(　　)运动。

A. 往复直线　　B. 直线进给　　C. 回转　　D. 旋转

27. 顺铣时，工作台易窜动，从而容易(　　)刀具。

A. 损坏　　B. 保护　　C. 磨损　　D. 移动

28. 顺铣加工质量好，多用于(　　)。

A. 粗铣　　B. 精铣　　C. 微量铣削　　D. 粗铣、精铣

29. (　　)能加工平面燕尾键槽等工件。

A. 车床　　B. 刨床　　C. 龙门刨床　　D. 镗床

30. (　　)宜加工大型工件 V 形导轨。

A. 牛头刨床　　B. 铣床　　C. 龙门刨床　　D. 插床

31. 牛头刨床能(　　)移动工作台。

A. 纵向　　B. 垂直　　C. 横向　　D. 多方向

32. 镗床适于加工箱体、机架等(　　)和位置精度要求较高的工件。

A. 孔距精度　　B. 孔径精度　　C. 表面质量　　D. 外形复杂

33. 镗床主要用于加工(　　)工件。

A. 轴类　　B. 箱体类　　C. 盘类　　D. 大型

34. 生产准备是指(　　)准备和技术准备工作。

A. 生产物资　　B. 厂房建设　　C. 加工设备　　D. 生产资金

35. 机油、棉纱、刷子等属于（ ）。

A. 生产物质 B. 生产技术 C. 辅助工作 D. 生产组织

36. （ ）工作主要解决生产过程中各阶段、各环节、各工序之间的协调和衔接问题。

A. 生产技术准备 B. 生产物质准备

C. 生产过程组织 D. 生产资金准备

37. 全面质量管理是指一个组织以质量为中心，以（ ）参与为基础。

A. 全社会 B. 行业 C. 企业 D. 全员

38. 质量检验要坚持自检、（ ）、专职检。

A. 行业突击检 B. 互检

C. 领导抽检 D. 自抽检

39. （ ）管理包括技术开发、产品开发、质量管理、设备管理等。

A. 生产 B. 生活 C. 专业技术 D. 工艺技术

40. 生产（ ）三要素指设计技术、工艺技术和管理技术。

A. 任务 B. 技术 C. 计划 D. 指标

41. 日常技术管理是指在生产过程中（ ）。

A. 研发新产品 B. 应用和维护技术

C. 组建研发队伍 D. 改进产品

42. 操作者要达到“四会”，即会检查、（ ）、会保养、会排除故障。

A. 会装拆 B. 会修理 C. 会大修 D. 会使用

43. 三级保养不包括（ ）。

A. 日常维护保养 B. 设备大修

C. 二级保养 D. 一级保养

44. 将原材料变成成品的劳动过程的总和称为（ ）。

A. 生产过程 B. 工艺过程 C. 工艺规程 D. 制造过程

45. 在生产过程中，直接改变生产对象的形状、尺寸、性能及相对位置关系的过程称为（ ）。

A. 改造过程 B. 工艺过程 C. 工艺规程 D. 制造过程

第4部分

操作技能复习题

操作

一、要素组合轴二（试题代码[①]：C1－002；考核时间：240 min）

1. 试题单

（1）操作条件

1）设备：卧式车床 CA6140、CA6136、CA6132。

2）操作工具、量具、刀具及考件备料（45 钢，ϕ45 mm×103 mm）。

3）操作者将劳动防护服、鞋等穿戴齐全。

（2）操作内容

1）外圆、偏心槽、双线梯形螺纹、普通螺纹（内螺纹）车削及综合几何公差的保证。

2）安全文明操作。

（3）操作要求

1）符合图样要求。

2）安全文明操作。

① 试题代码参见操作技能考核方案中的单元内容。

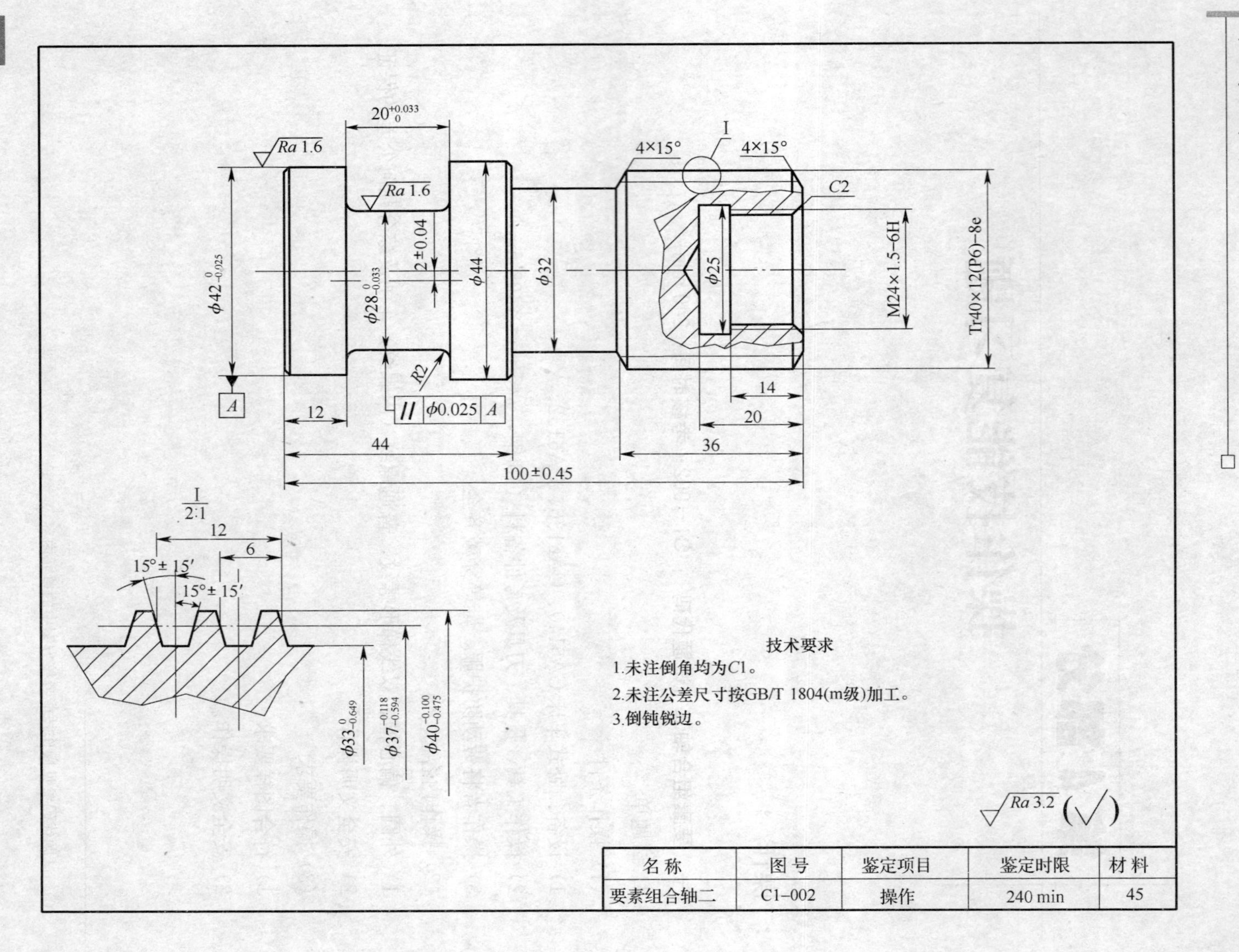

技术要求

1.未注倒角均为C1。

2.未注公差尺寸按GB/T 1804(m级)加工。

3.倒钝锐边。

名称	图号	鉴定项目	鉴定时限	材料
要素组合轴二	C1−002	操作	240 min	45

2. 评分表

试题代码及名称		C1−002 要素组合轴二			考核时间					240 min
评价要素		配分	等级	评分细则	评定等级					得分
					A	B	C	D	E	
1	外圆 $\phi 42_{-0.025}^{0}$ mm	9	A	符合公差要求						
			B	超差≤0.04 mm						
			C	0.04 mm<超差≤0.10 mm						
			D	超差>0.10 mm						
			E	未答题						
	表面粗糙度	4	A	符合公差要求						
			B	1.6 μm<*Ra*≤3.2 μm						
			C	3.2 μm<*Ra*≤6.3 μm						
			D	*Ra*>6.3 μm						
			E	未答题						
2	割槽 $\phi 28_{-0.033}^{0}$ mm	6	A	符合公差要求						
			B	超差≤0.04 mm						
			C	0.04 mm<超差≤0.10 mm						
			D	超差>0.10 mm						
			E	未答题						
	表面粗糙度	3	A	符合公差要求						
			B	1.6 μm<*Ra*≤3.2 μm						
			C	3.2 μm<*Ra*≤6.3 μm						
			D	*Ra*>6.3 μm						
			E	未答题						
3	槽宽 $20_{0}^{+0.033}$ mm	9	A	符合公差要求						
			B	超差≤0.02 mm						
			C	0.02 mm<超差≤0.10 mm						
			D	超差>0.10 mm						
			E	未答题						

续表

试题代码及名称		C1－002要素组合轴二			考核时间					240 min
评价要素		配分	等级	评分细则	评定等级					得分
					A	B	C	D	E	
4	梯形螺纹外圆 $\phi40_{-0.475}^{-0.100}$ mm	3	A	符合公差要求						
			B	超差≤0.05 mm						
			C	0.05 mm＜超差≤0.10 mm						
			D	超差＞0.10 mm						
			E	未答题						
	表面粗糙度	2	A	符合公差要求						
			B	3.2 μm＜*Ra*≤6.3 μm						
			C	6.3 μm＜*Ra*≤12.5 μm						
			D	*Ra*＞12.5 μm						
			E	未答题						
5	梯形螺纹中径 $\phi37_{-0.594}^{-0.118}$ mm	10	A	符合公差要求						
			B	超差≤0.05 mm						
			C	0.05 mm＜超差≤0.10 mm						
			D	超差＞0.10 mm						
			E	未答题						
	表面粗糙度	6	A	符合公差要求						
			B	3.2 μm＜*Ra*≤6.3 μm						
			C	6.3 μm＜*Ra*≤12.5 μm						
			D	*Ra*＞12.5 μm						
			E	未答题						
6	梯形螺纹底径 $\phi33_{-0.649}^{0}$ mm	2	A	符合公差要求						
			B	超差≤0.05 mm						
			C	0.05 mm＜超差≤0.10 mm						
			D	超差＞0.10 mm						
			E	未答题						

续表

试题代码及名称		C1－002 要素组合轴二			考核时间					240 min
评价要素		配分	等级	评分细则	评定等级					得分
					A	B	C	D	E	
6	表面粗糙度	4	A	符合公差要求						
			B	3. 2 μm＜*Ra*≤6. 3 μm						
			C	6. 3 μm＜*Ra*≤12. 5 μm						
			D	*Ra*＞12. 5 μm						
			E	未答题						
7	牙型角 2×(15°±15′)	4	A	符合公差要求						
			B	超差≤30′						
			C	30′＜超差≤1°						
			D	超差＞1°						
			E	未答题						
8	内螺纹 M24×1. 5－6H	9	A	符合公差要求						
			B	超差≤0. 03 mm						
			C	0. 03 mm＜超差≤0. 10 mm						
			D	超差＞0. 10 mm						
			E	未答题						
	表面粗糙度	3	A	符合公差要求						
			B	3. 2 μm＜*Ra*≤6. 3 μm						
			C	6. 3 μm＜*Ra*≤12. 5 μm						
			D	*Ra*＞12. 5 μm						
			E	未答题						
9	孔深 20 mm 及 14 mm	3	A	符合公差要求						
			B	超差≤0. 10 mm						
			C	0. 10 mm＜超差≤0. 50 mm						
			D	超差＞0. 50 mm						
			E	未答题						

续表

试题代码及名称		C1－002 要素组合轴二			考核时间					240 min
评价要素		配分	等级	评分细则	评定等级					得分
					A	B	C	D	E	
10	综合要素 偏心距 （2±0.04）mm	9	A	符合公差要求						
			B	超差≤0.08 mm						
			C	0.08 mm＜超差≤0.20 mm						
			D	超差＞0.20 mm						
			E	未答题						
11	综合要素 平行度 ϕ0.025 mm	4	A	符合公差要求						
			B	超差≤0.04 mm						
			C	0.04 mm＜超差≤0.10 mm						
			D	超差＞0.10 mm						
			E	未答题						
12	长度 （100±0.45）mm	2	A	符合公差要求						
			B	超差≤0.10 mm						
			C	0.10 mm＜超差≤0.30 mm						
			D	超差＞0.30 mm						
			E	未答题						
13	综合要素 其余尺寸	3	A	全部符合公差要求						
			B	1个尺寸超差						
			C	2个尺寸超差						
			D	3个尺寸超差						
			E	未答题						
14	安全文明操作， 场地清理	5	A	操作安全文明，工完场清						
			B	操作较文明，场地整理清洁						
			C	操作较文明，场地不够清洁						
			D	操作野蛮，场地不清洁						
			E	未答题						
合计配分		100		合计得分						

该项最后得分＝合计得分×0.7。

等级	A（优）	B（良）	C（及格）	D（差）	E（未答题）
比值	1.0	0.8	0.6	0.2	0

“评价要素”得分＝配分×等级比值。

二、要素组合轴三（试题代码：C1－003；考核时间：240 min）

1. 试题单

（1）操作条件

1）设备：卧式车床 CA6140、CA6136、CA6132。

2）操作工具、量具、刀具及考件备料（45 钢，ϕ45 mm×103 mm）。

3）操作者将劳动防护服、鞋等穿戴齐全。

（2）操作内容

1）外圆、双线梯形螺纹车削及综合几何公差的保证。

2）安全文明操作。

（3）操作要求

1）符合图样要求。

2）安全文明操作。

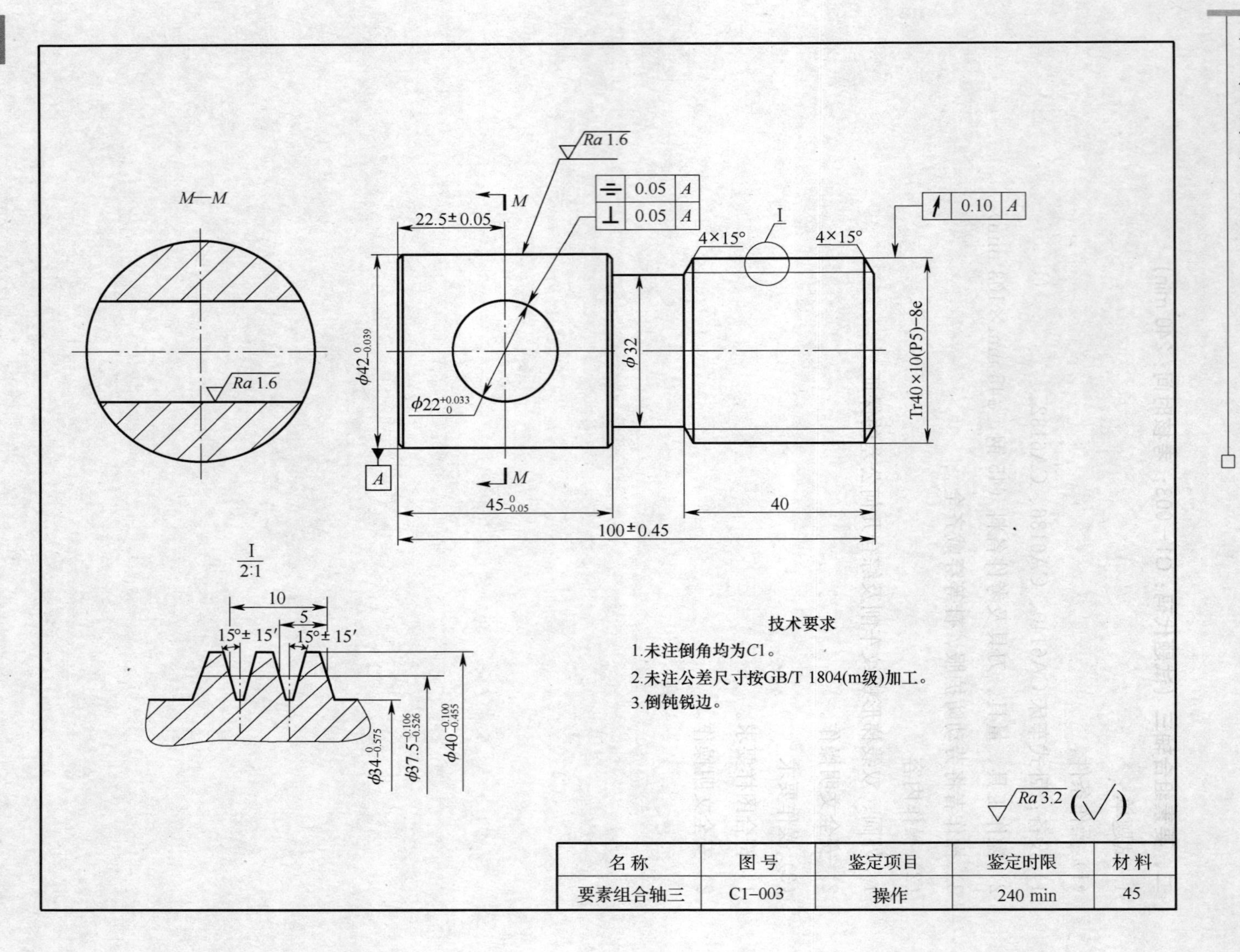

M—M
Ra 1.6
0.05 A
0.05 A
0.10 A
22.5±0.05
4×15°
4×15°
I
Tr40×10(P5)−8e
φ32
45
40
100±0.45
I
2:1
10
5
15°± 15′
15°± 15′
技术要求
1.未注倒角均为C1。
2.未注公差尺寸按GB/T 1804(m级)加工。
3.倒钝锐边。
Ra 3.2
名 称
图 号
鉴定项目
鉴定时限
材 料
要素组合轴三
C1-003
操作
240 min
45

2. 评分表

试题代码及名称		C1-003要素组合轴三			考核时间					240 min
评价要素		配分	等级	评分细则	评定等级					得分
					A	B	C	D	E	
1	外圆 $\phi 42_{-0.039}^{0}$ mm	12	A	符合公差要求						
			B	超差≤0.04 mm						
			C	0.04 mm<超差≤0.10 mm						
			D	超差>0.10 mm						
			E	未答题						
	表面粗糙度	3	A	符合公差要求						
			B	1.6 μm<*Ra*≤3.2 μm						
			C	3.2 μm<*Ra*≤6.3 μm						
			D	*Ra*>6.3 μm						
			E	未答题						
2	圆孔 $\phi 22_{0}^{+0.033}$ mm	16	A	符合公差要求						
			B	超差≤0.04 mm						
			C	0.04 mm<超差≤0.10 mm						
			D	超差>0.10 mm						
			E	未答题						
	表面粗糙度	4	A	符合公差要求						
			B	1.6 μm<*Ra*≤3.2 μm						
			C	3.2 μm<*Ra*≤6.3 μm						
			D	*Ra*>6.3 μm						
			E	未答题						
3	长度 (22.5±0.05) mm	6	A	符合公差要求						
			B	超差≤0.02 mm						
			C	0.02 mm<超差≤0.10 mm						
			D	超差>0.10 mm						
			E	未答题						

续表

试题代码及名称		C1—003 要素组合轴三			考核时间					240 min
评价要素		配分	等级	评分细则	评定等级					得分
					A	B	C	D	E	
4	梯形螺纹外圆 $\phi 40_{-0.455}^{-0.100}$ mm	2	A	符合公差要求						
			B	超差≤0.05 mm						
			C	0.05 mm＜超差≤0.10 mm						
			D	超差＞0.10 mm						
			E	未答题						
	表面粗糙度	1	A	符合公差要求						
			B	3.2 μm＜*Ra*≤6.3 μm						
			C	6.3 μm＜*Ra*≤12.5 μm						
			D	*Ra*＞12.5 μm						
			E	未答题						
5	梯形螺纹中径 $\phi 37.5_{-0.526}^{-0.106}$ mm	10	A	符合公差要求						
			B	超差≤0.05 mm						
			C	0.05 mm＜超差≤0.10 mm						
			D	超差＞0.10 mm						
			E	未答题						
	表面粗糙度	6	A	符合公差要求						
			B	3.2 μm＜*Ra*≤6.3 μm						
			C	6.3 μm＜*Ra*≤12.5 μm						
			D	*Ra*＞12.5 μm						
			E	未答题						
6	梯形螺纹底径 $\phi 34_{-0.575}^{0}$ mm	2	A	符合公差要求						
			B	超差≤0.05 mm						
			C	0.05 mm＜超差≤0.10 mm						
			D	超差＞0.10 mm						
			E	未答题						

续表

试题代码及名称		C1－003 要素组合轴三			考核时间					240 min
评价要素		配分	等级	评分细则	评定等级					得分
					A	B	C	D	E	
6	表面粗糙度	1	A	符合公差要求						
			B	3.2 mm＜Ra≤6.3 mm						
			C	6.3 mm＜Ra≤12.5 mm						
			D	Ra＞12.5 mm						
			E	未答题						
7	牙型角 2×(15°±15′)	4	A	符合公差要求						
			B	超差≤30′						
			C	30′＜超差≤1°						
			D	超差＞1°						
			E	未答题						
8	综合要素 对称度 0.05 mm	7	A	符合公差要求						
			B	超差≤0.04 mm						
			C	0.04 mm＜超差≤0.10 mm						
			D	超差＞0.10 mm						
			E	未答题						
9	综合要素 垂直度 0.05 mm	7	A	符合公差要求						
			B	超差≤0.04 mm						
			C	0.04 mm＜超差≤0.10 mm						
			D	超差＞0.10 mm						
			E	未答题						
10	综合要素 径向圆跳动 0.10 mm	5	A	符合公差要求						
			B	超差≤0.04 mm						
			C	0.04 mm＜超差≤0.10 mm						
			D	超差＞0.10 mm						
			E	未答题						

续表

试题代码及名称		C1－003 要素组合轴三			考核时间					240 min
评价要素		配分	等级	评分细则	评定等级					得分
					A	B	C	D	E	
11	长度 $45_{-0.05}^{0}$ mm	4	A	符合公差要求						
			B	超差≤0.05 mm						
			C	0.05 mm＜超差≤0.10 mm						
			D	超差＞0.10 mm						
			E	未答题						
12	长度（100±0.45）mm	2	A	符合公差要求						
			B	超差≤0.10 mm						
			C	0.10 mm＜超差≤0.30 mm						
			D	超差＞0.30 mm						
			E	未答题						
13	综合要素其余尺寸	3	A	全部符合公差要求						
			B	1个尺寸超差						
			C	2个尺寸超差						
			D	3个尺寸超差						
			E	未答题						
14	安全文明操作，场地清理	5	A	操作安全文明，工完场清						
			B	操作较文明，场地整理清洁						
			C	操作较文明，场地不够清洁						
			D	操作野蛮，场地不清洁						
			E	未答题						
合计配分		100		合计得分						

该项最后得分＝合计得分×0.7。

等级	A（优）	B（良）	C（及格）	D（差）	E（未答题）
比值	1.0	0.8	0.6	0.2	0

“评价要素”得分＝配分×等级比值。

三、要素组合轴四（试题代码：C1－004；考核时间：240 min）

1. 试题单

（1）操作条件

1）设备：卧式车床 CA6140、CA6136、CA6132。

2）操作工具、量具、刀具及考件备料（45 钢，ϕ45 mm×103 mm）。

3）操作者将劳动防护服、鞋等穿戴齐全。

（2）操作内容

1）外圆、沟槽、普通螺纹（内螺纹）车削及综合几何公差的保证。

2）安全文明操作。

（3）操作要求

1）符合图样要求。

2）安全文明操作。

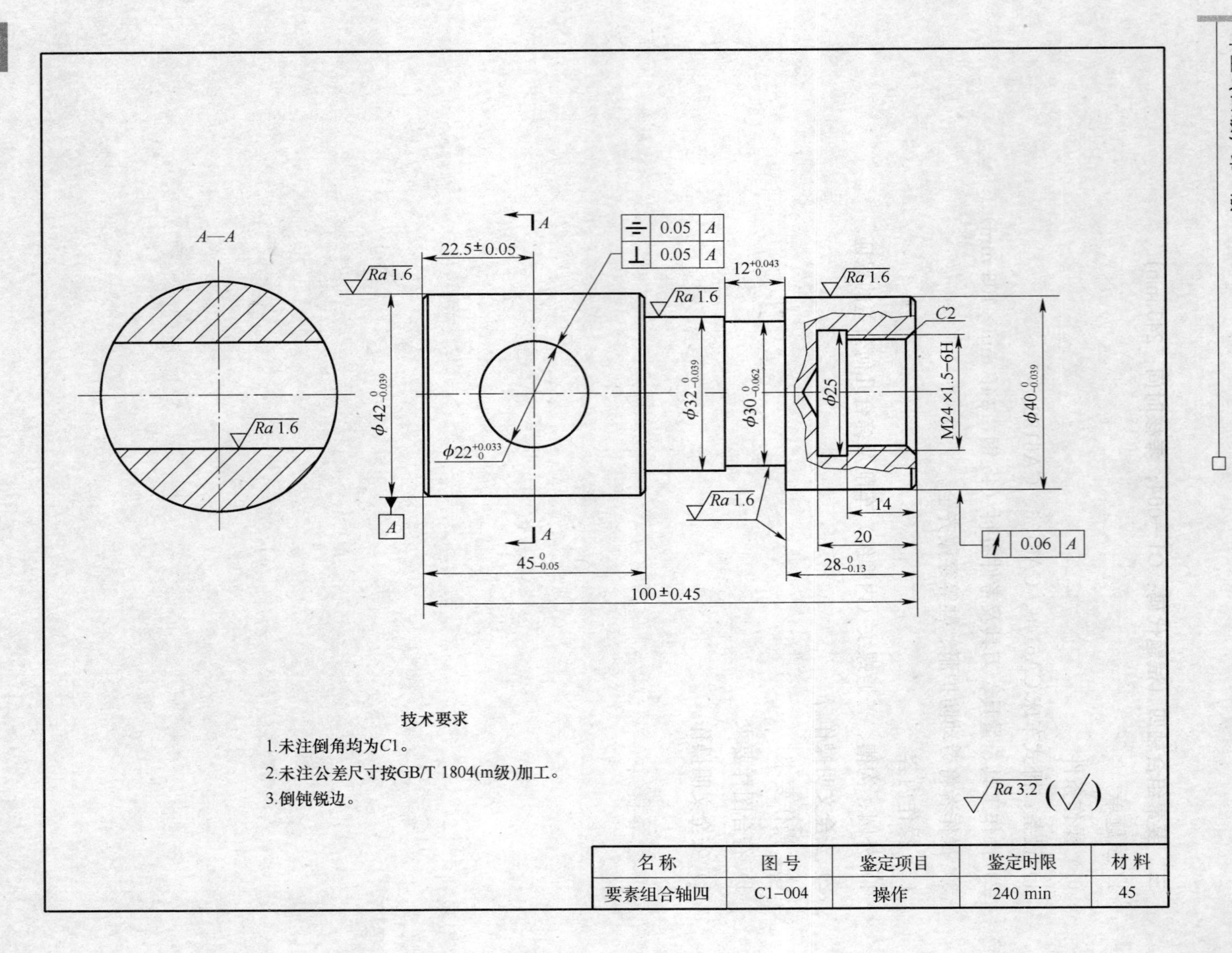
A—A
Ra 1.6
22.5±0.05
0.05 A
0.05 A
12 +0.043 0
Ra 1.6
Ra 1.6
Ra 1.6
C2
φ42 0 -0.039
φ22 +0.033 0
φ32 0 -0.039
φ30 0 -0.062
φ25
M24×1.5-6H
φ40 0 -0.039
Ra 1.6
A
14
20
0.06 A
45 0 -0.05
28 0 -0.13
100±0.45
技术要求
1.未注倒角均为C1。
2.未注公差尺寸按GB/T 1804(m级)加工。
3.倒钝锐边。
Ra 3.2
名称
图号
鉴定项目
鉴定时限
材料
要素组合轴四
C1-004
操作
240 min
45

2. 评分表

试题代码及名称		C1—004 要素组合轴四			考核时间					240 min
评价要素		配分	等级	评分细则	评定等级					得分
					A	B	C	D	E	
1	外圆 $\phi42_{-0.039}^{0}$ mm	5	A	符合公差要求						
			B	超差≤0.04 mm						
			C	0.04 mm<超差≤0.10 mm						
			D	超差>0.10 mm						
			E	未答题						
	表面粗糙度	2	A	符合公差要求						
			B	1.6 μm<*Ra*≤3.2 μm						
			C	3.2 μm<*Ra*≤6.3 μm						
			D	*Ra*>6.3 μm						
			E	未答题						
2	外圆 $\phi40_{-0.039}^{0}$ mm	4	A	符合公差要求						
			B	超差≤0.04 mm						
			C	0.04 mm<超差≤0.10 mm						
			D	超差>0.10 mm						
			E	未答题						
	表面粗糙度	2	A	符合公差要求						
			B	1.6 μm<*Ra*≤3.2 μm						
			C	3.2 μm<*Ra*≤6.3 μm						
			D	*Ra*>6.3 μm						
			E	未答题						
3	长度 $45_{-0.05}^{0}$ mm	3	A	符合公差要求						
			B	超差≤0.02 mm						
			C	0.02 mm<超差≤0.10 mm						
			D	超差>0.10 mm						
			E	未答题						

续表

试题代码及名称				C1—004 要素组合轴四	考核时间					240 min
评价要素		配分	等级	评分细则	评定等级					得分
					A	B	C	D	E	
4	外圆 $\phi 32_{-0.039}^{0}$ mm	3	A	符合公差要求						
			B	超差≤0.04 mm						
			C	0.04 mm＜超差≤0.10 mm						
			D	超差＞0.10 mm						
			E	未答题						
	表面粗糙度	3	A	符合公差要求						
			B	1.6 μm＜*Ra*≤3.2 μm						
			C	3.2 μm＜*Ra*≤6.3 μm						
			D	*Ra*＞6.3 μm						
			E	未答题						
5	圆孔 $\phi 22_{0}^{+0.033}$ mm	12	A	符合公差要求						
			B	超差≤0.04 mm						
			C	0.04 mm＜超差≤0.10 mm						
			D	超差＞0.10 mm						
			E	未答题						
	表面粗糙度	4	A	符合公差要求						
			B	1.6 μm＜*Ra*≤3.2 μm						
			C	3.2 μm＜*Ra*≤6.3 μm						
			D	*Ra*＞6.3 μm						
			E	未答题						
6	长度 (22.5±0.05) mm	5	A	符合公差要求						
			B	超差≤0.02 mm						
			C	0.02 mm＜超差≤0.10 mm						
			D	超差＞0.10 mm						
			E	未答题						

续表

试题代码及名称		C1—004 要素组合轴四			考核时间					240 min
评价要素		配分	等级	评分细则	评定等级					得分
					A	B	C	D	E	
7	割槽 $\phi30_{-0.062}^{\ 0}$ mm	5	A	符合公差要求						
			B	超差≤0.04 mm						
			C	0.04 mm<超差≤0.10 mm						
			D	超差>0.10 mm						
			E	未答题						
	表面粗糙度	3	A	符合公差要求						
			B	1.6 μm<*Ra*≤3.2 μm						
			C	3.2 μm<*Ra*≤6.3 μm						
			D	*Ra*>6.3 μm						
			E	未答题						
8	槽宽 $12_{\ 0}^{+0.043}$ mm	7	A	符合公差要求						
			B	超差≤0.02 mm						
			C	0.02 mm<超差≤0.10 mm						
			D	超差>0.10 mm						
			E	未答题						
9	内螺纹 M24×1.5—6H	9	A	符合公差要求						
			B	超差≤0.03 mm						
			C	0.03 mm<超差≤0.10 mm						
			D	超差>0.10 mm						
			E	未答题						
10	其余表面粗糙度	3	A	符合公差要求						
			B	3.2 μm<*Ra*≤6.3 μm						
			C	6.3 μm<*Ra*≤12.5 μm						
			D	*Ra*>12.5 μm						
			E	未答题						

续表

试题代码及名称		C1－004 要素组合轴四			考核时间					240 min
评价要素		配分	等级	评分细则	评定等级					得分
					A	B	C	D	E	
11	孔深 20 mm 及14 mm	3	A	符合公差要求						
			B	超差≤0.10 mm						
			C	0.10＜超差≤0.50 mm						
			D	超差＞0.50 mm						
			E	未答题						
12	综合要素 对称度 0.05 mm	6	A	符合公差要求						
			B	超差≤0.04 mm						
			C	0.04 mm＜超差≤0.10 mm						
			D	超差＞0.10 mm						
			E	未答题						
13	综合要素 垂直度 0.05 mm	6	A	符合公差要求						
			B	超差≤0.04 mm						
			C	0.04 mm＜超差≤0.10 mm						
			D	超差＞0.10 mm						
			E	未答题						
14	综合要素 径向圆跳动 0.06 mm	5	A	符合公差要求						
			B	超差≤0.08 mm						
			C	0.08 mm＜超差≤0.20 mm						
			D	超差＞0.20 mm						
			E	未答题						
15	长度 (100±0.45) mm	2	A	符合公差要求						
			B	超差≤0.10 mm						
			C	0.10 mm＜超差≤0.30 mm						
			D	超差＞0.30 mm						
			E	未答题						

续表

试题代码及名称		C1－004 要素组合轴四			考核时间					240 min
评价要素		配分	等级	评分细则	评定等级					得分
					A	B	C	D	E	
16	综合要素 其余尺寸	3	A	全部符合公差要求						
			B	1个尺寸超差						
			C	2个尺寸超差						
			D	3个尺寸超差						
			E	未答题						
17	安全文明操作， 场地清理	5	A	操作安全文明，工完场清						
			B	操作较文明，场地整理清洁						
			C	操作较文明，场地不够清洁						
			D	操作野蛮，场地不清洁						
			E	未答题						
合计配分		100	合计得分							

该项最后得分＝合计得分×0.7。

等级	A（优）	B（良）	C（及格）	D（差）	E（未答题）
比值	1.0	0.8	0.6	0.2	0

“评价要素”得分＝配分×等级比值。

四、要素组合轴五（试题代码：C1－005；考核时间：240 min）

1. 试题单

（1）操作条件

1）设备：卧式车床 CA6140、CA6136、CA6132。

2）操作工具、量具、刀具及考件备料（45 钢，ϕ45 mm×133 mm）。

3）操作者将劳动防护服、鞋等穿戴齐全。

（2）操作内容

1）外圆、莫氏圆锥、双线梯形螺纹、普通螺纹（内螺纹）车削及综合几何公差的保证。

2）安全文明操作。

（3）操作要求

1）符合图样要求。

2）安全文明操作。

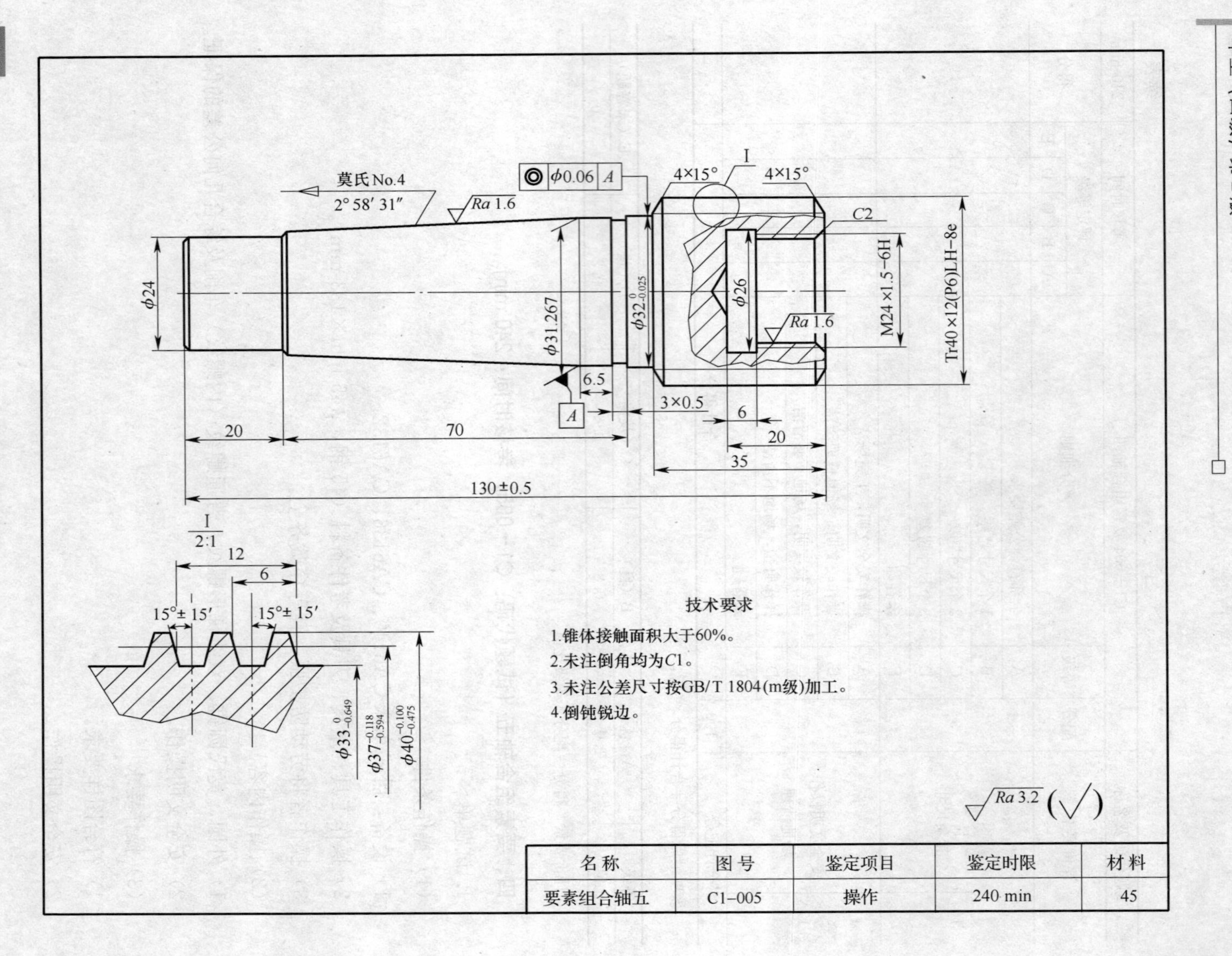

名称	图号	鉴定项目	鉴定时限	材料
要素组合轴五	C1−005	操作	240 min	45

2. 评分表

试题代码及名称		C1－005要素组合轴五			考核时间					240 min
评价要素		配分	等级	评分细则	评定等级					得分
					A	B	C	D	E	
1	外圆 $\phi32_{-0.025}^{0}$ mm	5	A	符合公差要求						
			B	超差≤0.04 mm						
			C	0.04 mm＜超差≤0.10 mm						
			D	超差＞0.10 mm						
			E	未答题						
	锥体接触面积大于60%	16	A	符合公差要求						
			B	50%＜锥体接触面积≤60%						
			C	40%＜锥体接触面积≤50%						
			D	锥体接触面积≤40%						
			E	未答题						
2	外圆 $\phi31.267$ mm	5	A	符合公差要求						
			B	超差≤0.05 mm						
			C	0.05 mm＜超差≤0.15 mm						
			D	超差＞0.15 mm						
			E	未答题						
	表面粗糙度	3	A	符合公差要求						
			B	1.6 μm＜Ra≤3.2 μm						
			C	3.2 μm＜Ra≤6.3 μm						
			D	Ra＞6.3 μm						
			E	未答题						
3	梯形螺纹外圆 $\phi40_{-0.475}^{-0.100}$ mm	2	A	符合公差要求						
			B	超差≤0.05 mm						
			C	0.05 mm＜超差≤0.10 mm						
			D	超差＞0.10 mm						
			E	未答题						

续表

试题代码及名称		C1—005 要素组合轴五			考核时间					240 min
	评价要素	配分	等级	评分细则	评定等级					得分
					A	B	C	D	E	
3	表面粗糙度	5	A	符合公差要求						
			B	$3.2\ \mu\text{m} < Ra \leqslant 6.3\ \mu\text{m}$						
			C	$6.3\ \mu\text{m} < Ra \leqslant 12.5\ \mu\text{m}$						
			D	$Ra > 12.5\ \mu\text{m}$						
			E	未答题						
4	梯形螺纹中径 $\phi37^{-0.118}_{-0.594}$ mm	12	A	符合公差要求						
			B	超差≤0.05 mm						
			C	0.05 mm＜超差≤0.10 mm						
			D	超差＞0.10 mm						
			E	未答题						
	表面粗糙度	6	A	符合公差要求						
			B	$3.2\ \mu\text{m} < Ra \leqslant 6.3\ \mu\text{m}$						
			C	$6.3\ \mu\text{m} < Ra \leqslant 12.5\ \mu\text{m}$						
			D	$Ra > 12.5\ \mu\text{m}$						
			E	未答题						
5	梯形螺纹底径 $\phi33^{0}_{-0.649}$ mm	2	A	符合公差要求						
			B	超差≤0.05 mm						
			C	0.05 mm＜超差≤0.10 mm						
			D	超差＞0.10 mm						
			E	未答题						
	表面粗糙度	2	A	符合公差要求						
			B	$3.2\ \mu\text{m} < Ra \leqslant 6.3\ \mu\text{m}$						
			C	$6.3\ \mu\text{m} < Ra \leqslant 12.5\ \mu\text{m}$						
			D	$Ra > 12.5\ \mu\text{m}$						
			E	未答题						

续表

试题代码及名称		C1−005要素组合轴五			考核时间					240 min
评价要素		配分	等级	评分细则	评定等级					得分
					A	B	C	D	E	
6	牙型角 2×(15°±15′)	4	A	符合公差要求						
			B	超差≤30′						
			C	30′<超差≤1°						
			D	超差>1°						
			E	未答题						
7	内螺纹 M24×1.5−6H	10	A	符合公差要求						
			B	超差≤0.03 mm						
			C	0.03 mm<超差≤0.10 mm						
			D	超差>0.10 mm						
			E	未答题						
	表面粗糙度	3	A	符合公差要求						
			B	1.6 μm<*Ra*≤3.2 μm						
			C	3.2 μm<*Ra*≤6.3 μm						
			D	*Ra*>6.3 μm						
			E	未答题						
8	孔深20 mm及6 mm	4	A	符合公差要求						
			B	超差≤0.10 mm						
			C	0.10 mm<超差≤0.50 mm						
			D	超差>0.50 mm						
			E	未答题						
9	综合要素 同轴度 ϕ0.06 mm	6	A	符合公差要求						
			B	超差≤0.04 mm						
			C	0.04 mm<超差≤0.10 mm						
			D	超差>0.10 mm						
			E	未答题						

续表

试题代码及名称		C1－005 要素组合轴五			考核时间					240 min
评价要素		配分	等级	评分细则	评定等级					得分
					A	B	C	D	E	
10	长度（130±0.5）mm	2	A	符合公差要求						
			B	超差≤0.10 mm						
			C	0.10 mm＜超差≤0.30 mm						
			D	超差＞0.30 mm						
			E	未答题						
11	其余表面粗糙度	4	A	符合公差要求						
			B	3.2 μm＜*Ra*≤6.3 μm						
			C	6.3 μm＜*Ra*≤12.5 μm						
			D	*Ra*＞12.5 μm						
			E	未答题						
12	综合要素 其余尺寸	4	A	全部符合公差要求						
			B	1个尺寸超差						
			C	2个尺寸超差						
			D	3个尺寸超差						
			E	未答题						
13	安全文明操作，场地清理	5	A	操作安全文明，工完场清						
			B	操作较文明，场地整理清洁						
			C	操作较文明，场地不够清洁						
			D	操作野蛮，场地不清洁						
			E	未答题						
合计配分		100	合计得分							

该项最后得分＝合计得分×0.7。

等级	A（优）	B（良）	C（及格）	D（差）	E（未答题）
比值	1.0	0.8	0.6	0.2	0

“评价要素”得分＝配分×等级比值。

测量测绘

一、偏心套（试题代码：C2－001；考核时间：45 min）

1. 试题单（答题卷）

（1）操作条件及内容

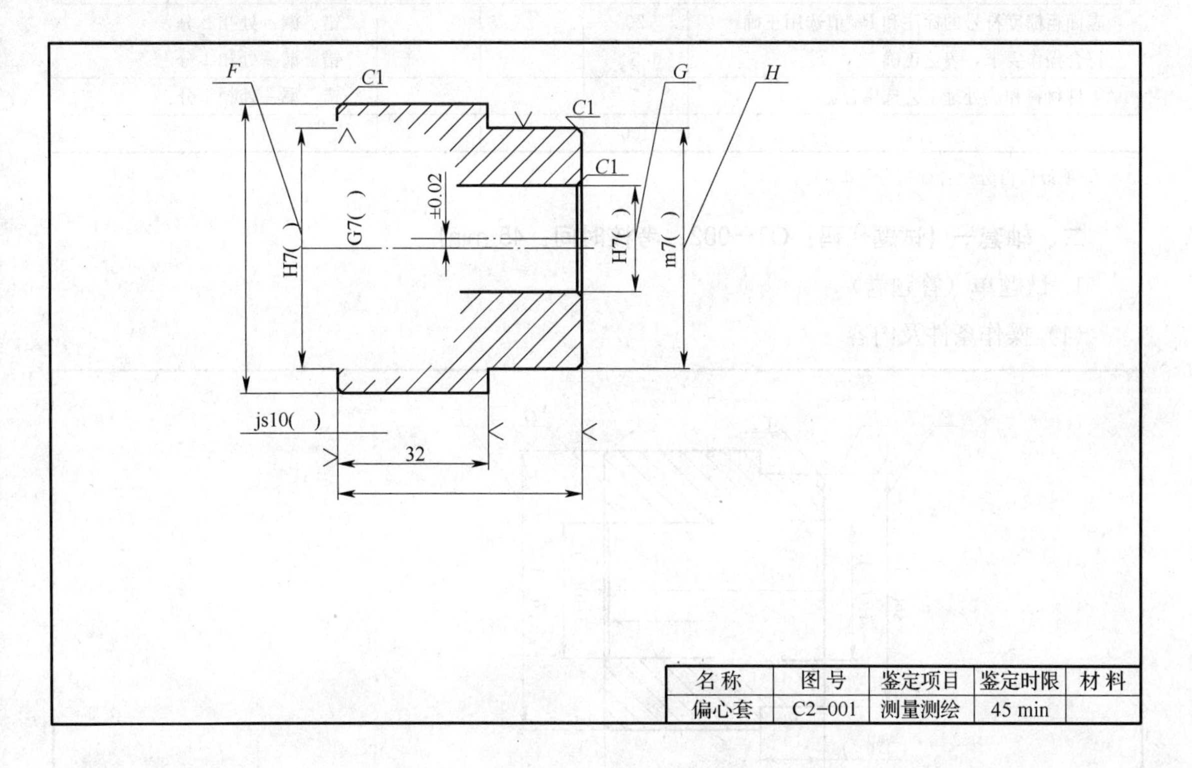

名称	图号	鉴定项目	鉴定时限	材料
偏心套	C2-001	测量测绘	45 min	

（2）操作要求

1）补充完整图样，在∨处补全表面粗糙度值。

2）用几何公差的框格表示 G 孔圆柱度公差 0.006 mm。

3）用几何公差的框格表示 F 孔对 H 外圆的同轴度公差 ϕ0.025 mm。

4）尺寸公差等级代号前填写公称尺寸，括号内填写极限偏差。

2. 评分表

评价要素	配分	扣分	得分	说明
按要求，用框格形式表示几何公差	20			错、漏一处扣 5 分
按实测数据标注公称尺寸，按指定的尺寸公差等级标注极限偏差	20			错、漏一处扣 5 分
图样完整、正确	10			错、漏一处扣 2 分
尺寸标注齐全	20			错、漏一处扣 4 分
表面粗糙度符号的标注和 *Ra* 值选用正确	20			错、漏一处扣 2 分
符合操作要求，表达正确	5			错、漏一处扣 1 分
工件材料和热处理工艺选用合适	5			错、漏一处扣 1 分
合计	100			

该项最后得分＝合计得分×0.15。

二、轴套一（试题代码：C2－002；考核时间：45 min）

1. 试题单（答题卷）

（1）操作条件及内容

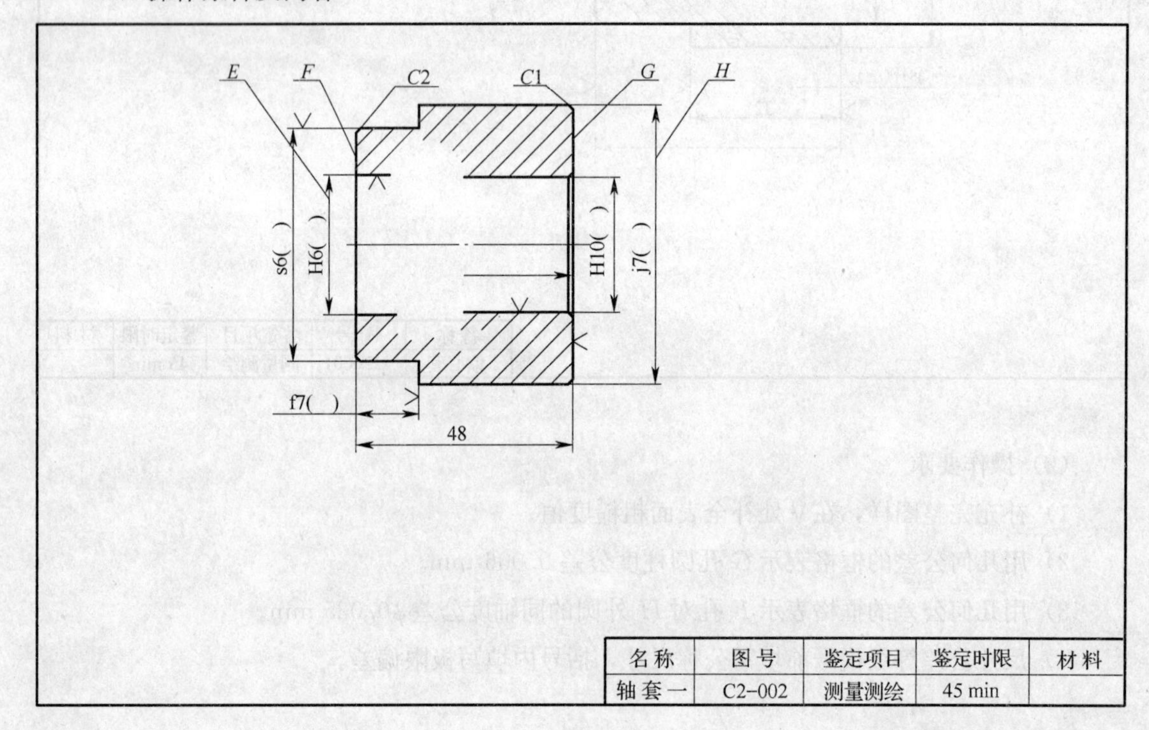

名称	图号	鉴定项目	鉴定时限	材料
轴套一	C2-002	测量测绘	45 min	

（2）操作要求

1）补充完整图样，在 $\vee$ 处补全表面粗糙度值。

2）用几何公差的框格表示 G 面对 F 面的平行度公差 0.03 mm。

3）用几何公差的框格表示 E 孔对 H 外圆的同轴度公差 ϕ0.02 mm。

4）尺寸公差等级代号前填写公称尺寸，括号内填写极限偏差。

2. 评分表

同上题。

三、偏心轴（试题代码：C2－003；考核时间：45 min）

1. 试题单（答题卷）

（1）操作条件及内容

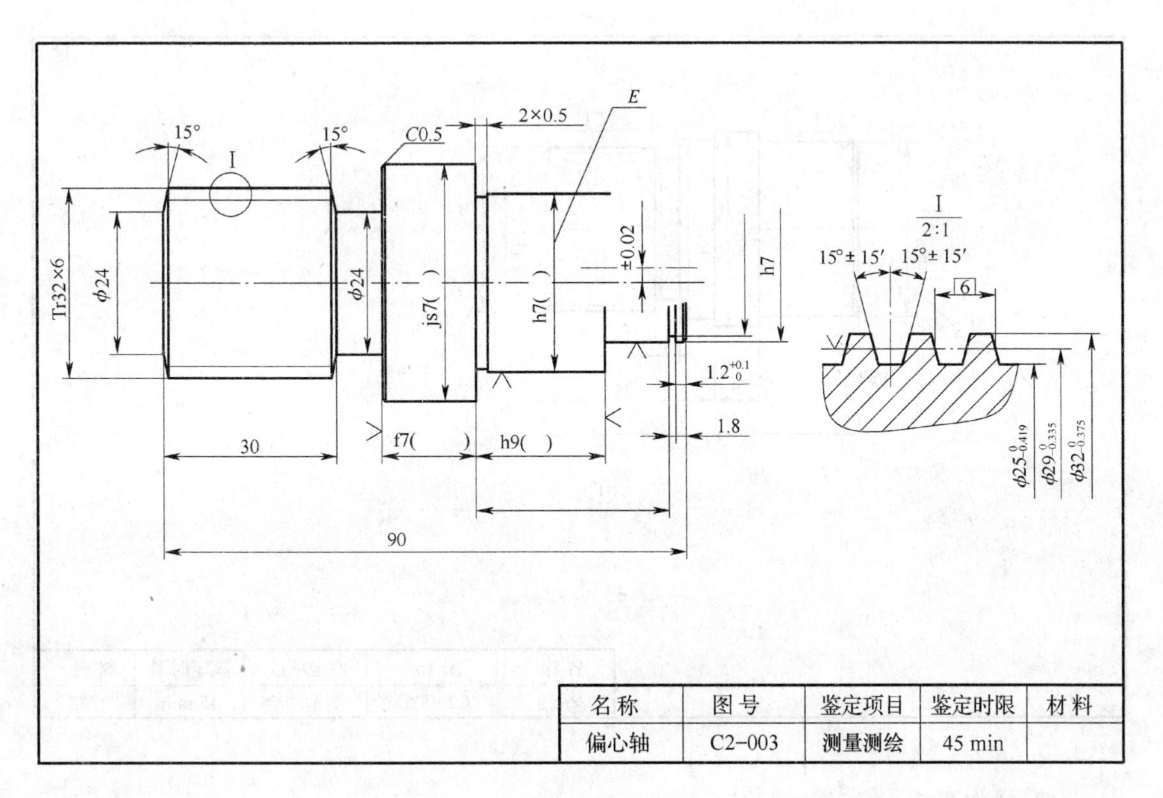

（2）操作要求

1）补充完整图样，在∨处补全表面粗糙度值。

2）用几何公差的框格表示 E 外圆圆度公差 0.01 mm。

3）用几何公差的框格表示梯形螺纹中径对 E 外圆同轴度公差 ϕ0.015 mm。

4）尺寸公差等级代号前填写公称尺寸，括号内填写极限偏差。

2. 评分表

同上题。

四、短轴（试题代码：C2－005；考核时间：45 min）

1. 试题单（答题卷）

（1）操作条件及内容

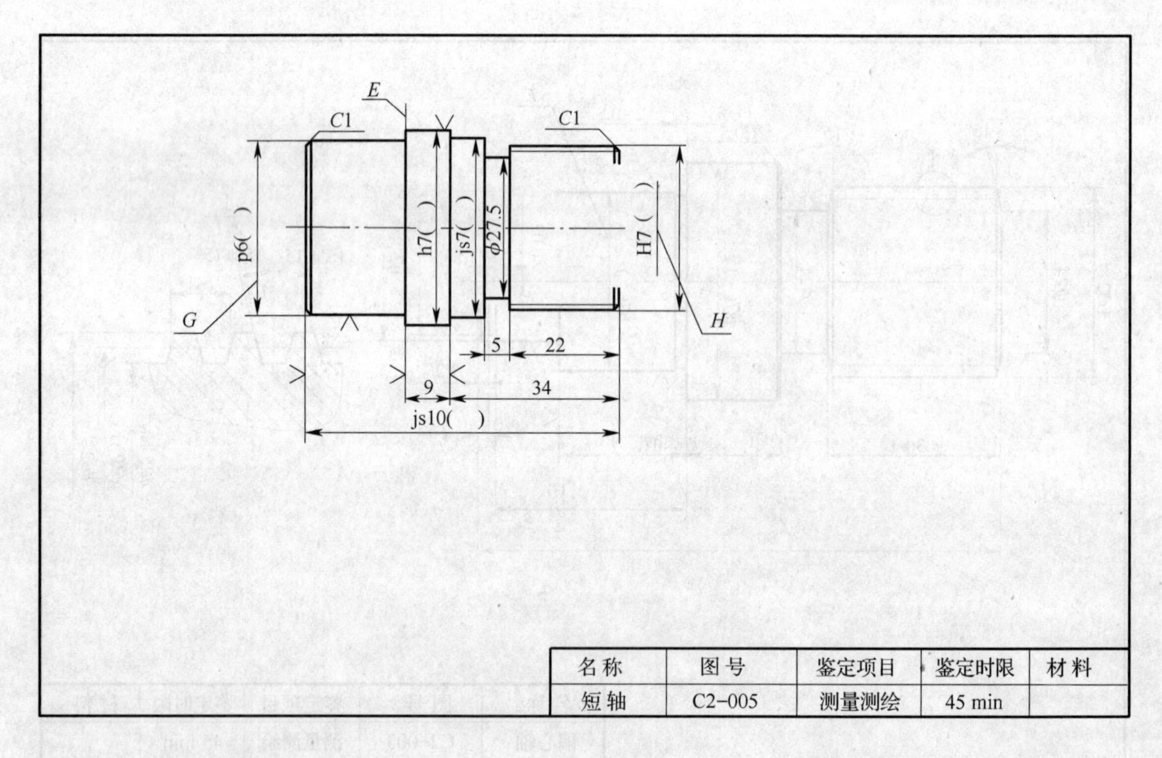

名称	图号	鉴定项目	鉴定时限	材料
短轴	C2-005	测量测绘	45 min	

（2）操作要求

1）补充完整图样，在∨处补全表面粗糙度值。

2）用几何公差的框格表示 E 端面对 G 外圆的垂直度公差 0.03 mm。

3）用几何公差的框格表示 H 孔对 G 外圆的同轴度公差 ϕ0.025 mm。

4）尺寸公差等级代号前填写公称尺寸，括号内填写极限偏差。

2. 评分表

同上题。

工艺编制

一、法兰盘（试题代码：C2－006；考核时间：45 min）

1. 试题单

（1）操作条件及内容

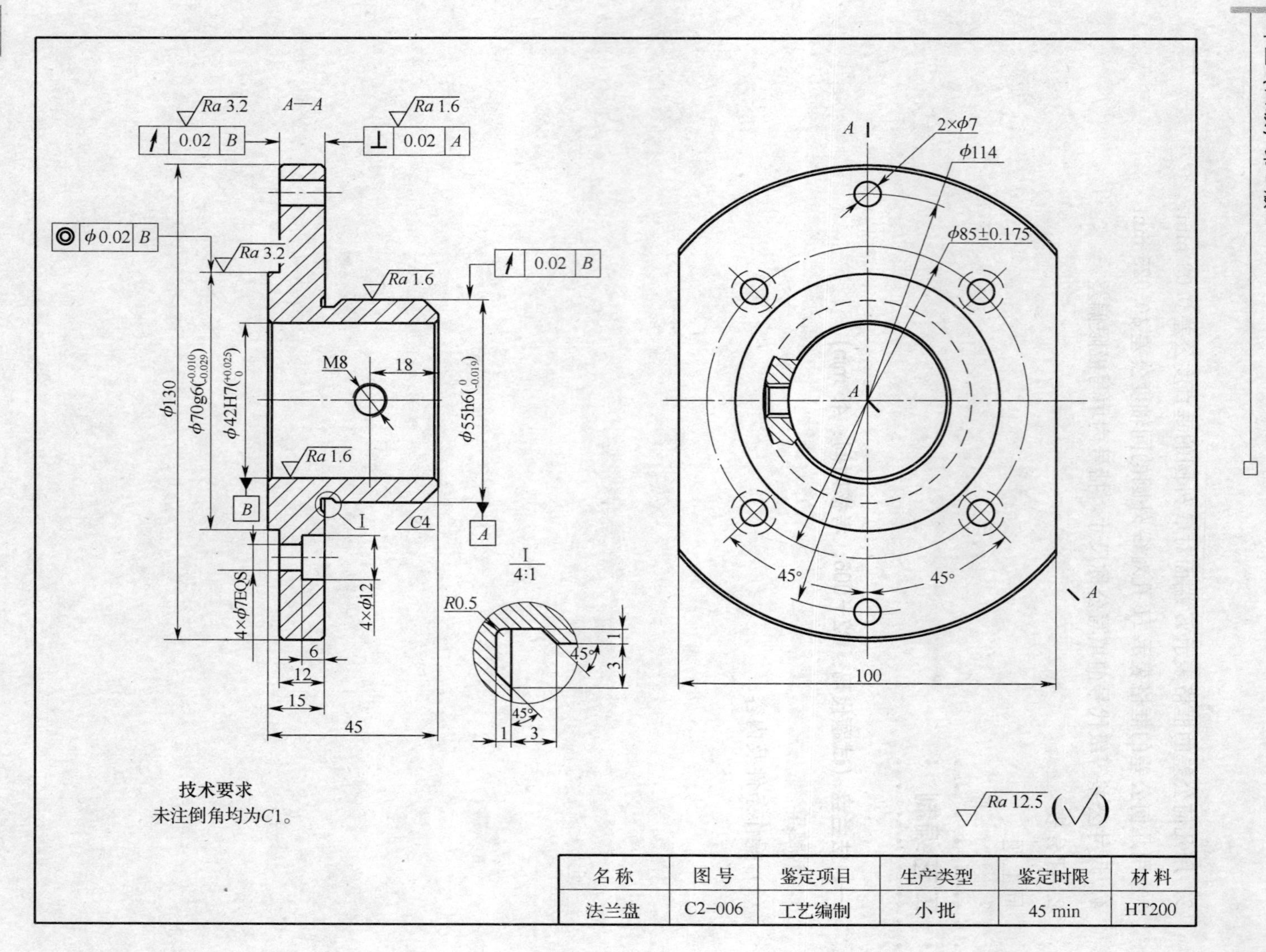

名称	图号	鉴定项目	生产类型	鉴定时限	材料
法兰盘	C2-006	工艺编制	小批	45 min	HT200

（2）操作要求

1）按图样编制零件加工工艺，要求加工顺序正确。

2）本工种工步划分、顺序和内容正确。

3）热处理工序选用恰当。

4）本工种设备、工装选用合适。

5）本工种工时定额估算合理。

2. 答题卷

名称		图号		毛坯种类		材料	
工序	工步	工序内容			设备	工装	工时定额

3. 评分表

评价要素	配分	扣分	得分	说明
加工顺序正确	35			错、漏一处扣5分
本工种工步划分、顺序和内容正确	25			错、漏一处扣2.5分
热处理工序选用恰当	15			错、漏一处扣7.5分
本工种设备、工装选用合适	20			错、漏一处扣4分
本工种工时定额估算合理	5			错、漏一处扣5分
合计	100			

该项最后得分＝合计得分×0.15。

二、轴承座（试题代码：C2－007；考核时间：45 min）

1. 试题单

（1）操作条件及内容

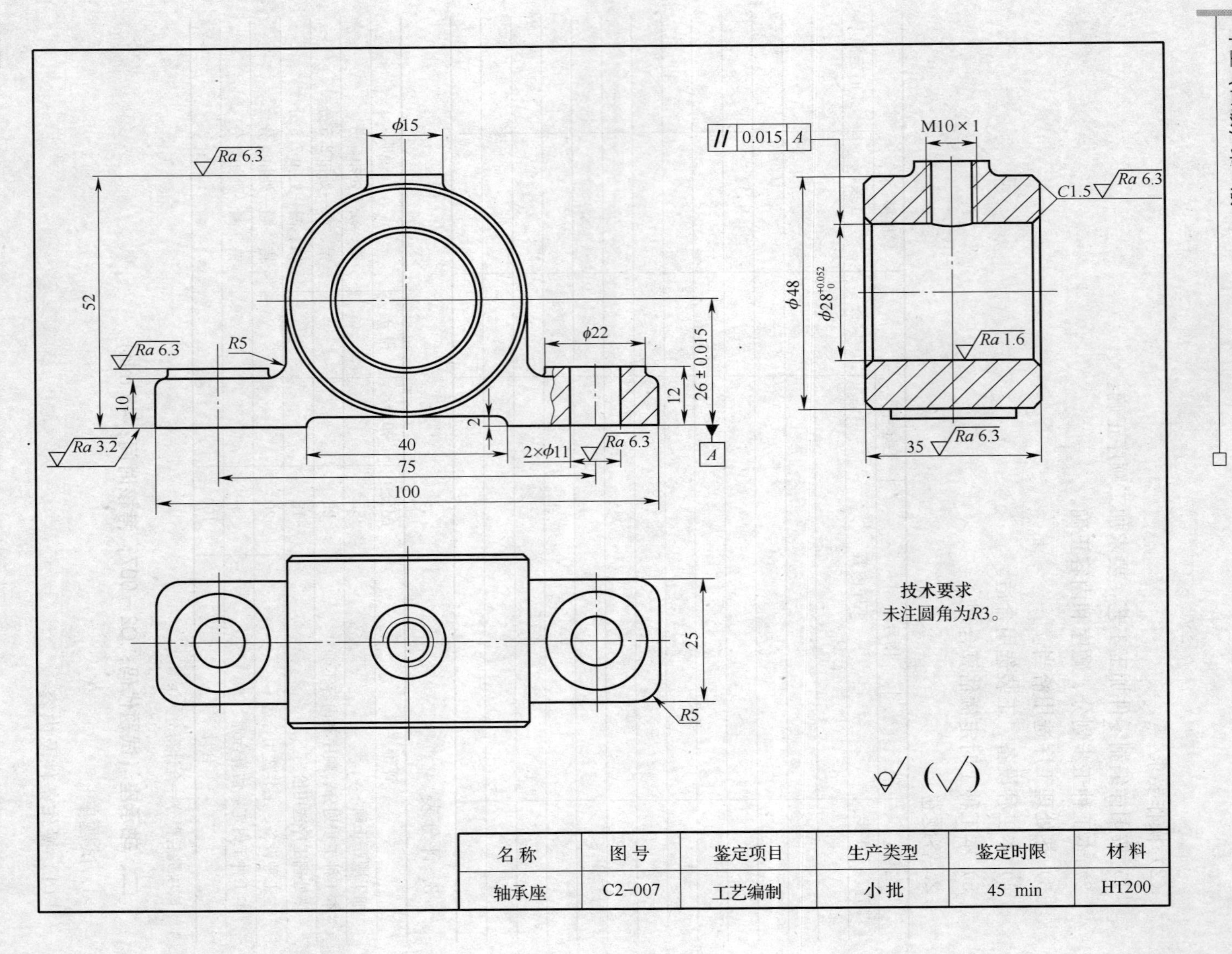

名称	图号	鉴定项目	生产类型	鉴定时限	材料
轴承座	C2-007	工艺编制	小批	45 min	HT200

（2）操作要求

1）按图样编制零件加工工艺，要求加工顺序正确。

2）本工种工步划分、顺序和内容正确。

3）热处理工序选用恰当。

4）本工种设备、工装选用合适。

5）本工种工时定额估算合理。

2. 答题卷

同上题。

3. 评分表

同上题。

三、输出轴（试题代码：C2－008；考核时间：45 min）

1. 试题单

（1）操作条件及内容

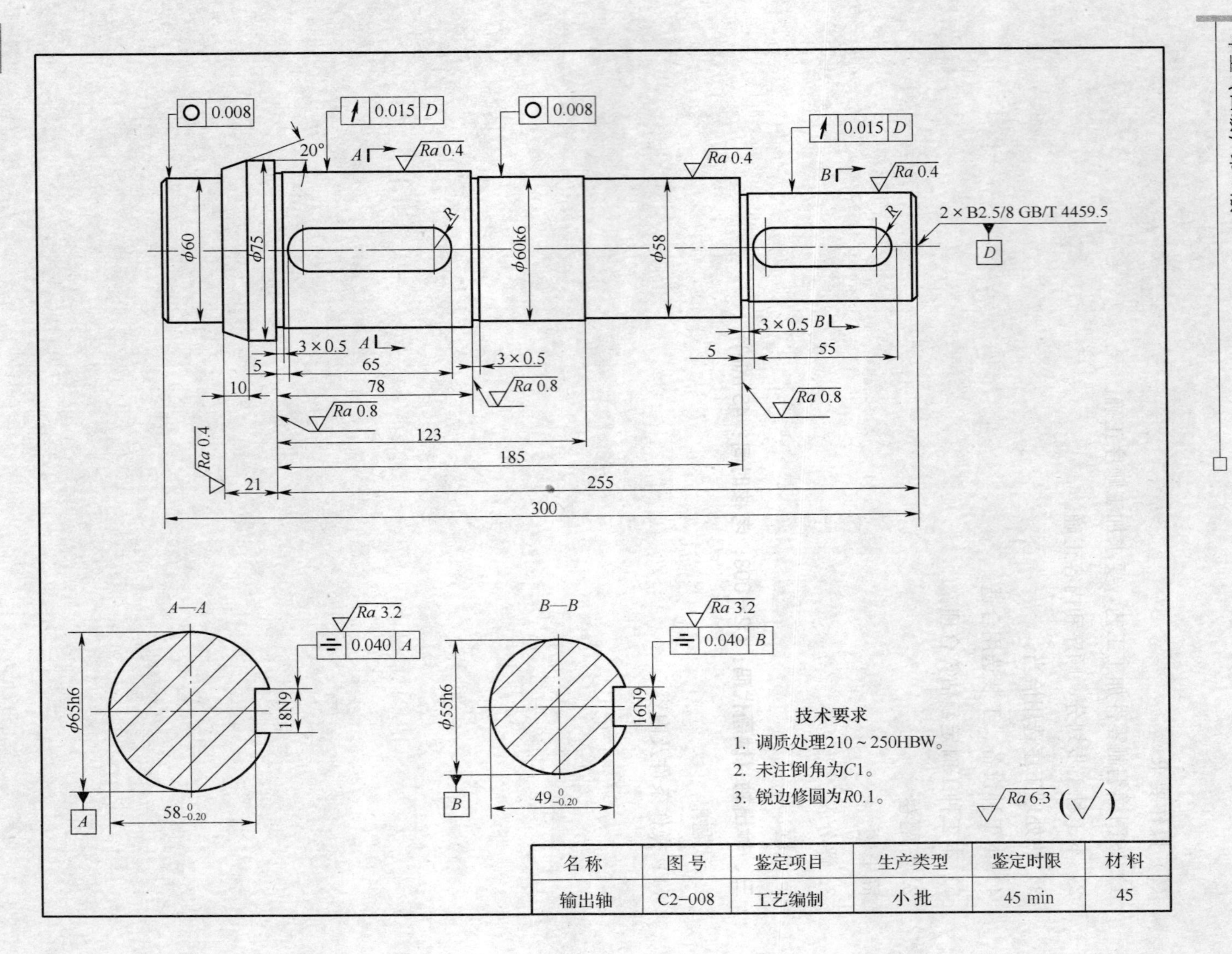

名称	图号	鉴定项目	生产类型	鉴定时限	材料
输出轴	C2-008	工艺编制	小批	45 min	45

（2）操作要求

1）按图样编制零件加工工艺，要求加工顺序正确。

2）本工种工步划分、顺序和内容正确。

3）热处理工序选用恰当。

4）本工种设备、工装选用合适。

5）本工种工时定额估算合理。

2. 答题卷

同上题。

3. 评分表

同上题。

四、可换套（试题代码：C2－009；考核时间：45 min）

1. 试题单

（1）操作条件及内容

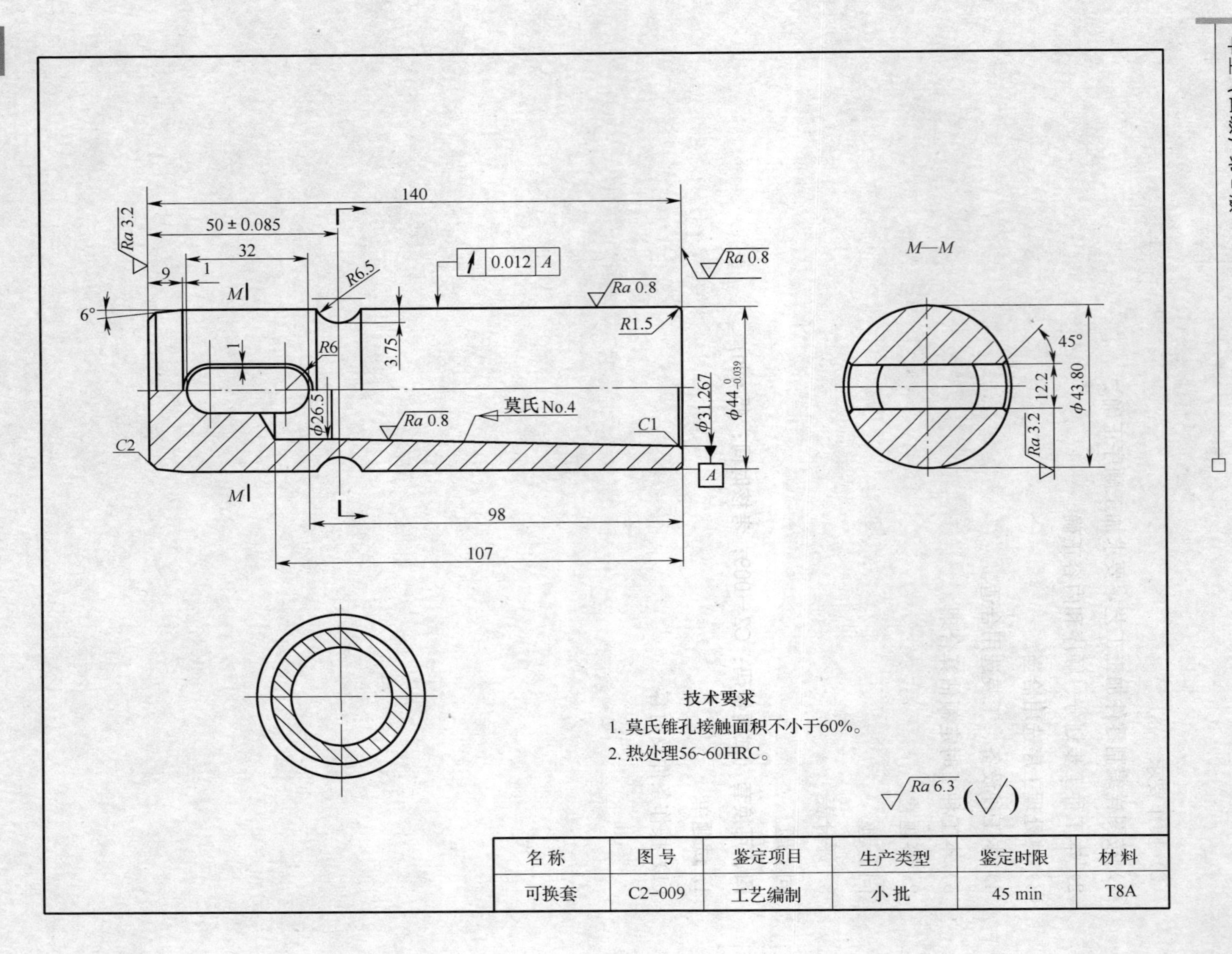

名称	图号	鉴定项目	生产类型	鉴定时限	材料
可换套	C2–009	工艺编制	小批	45 min	T8A

(2) 操作要求

1）按图样编制零件加工工艺，要求加工顺序正确。

2）本工种工步划分、顺序和内容正确。

3）热处理工序选用恰当。

4）本工种设备、工装选用合适。

5）本工种工时定额估算合理。

2. 答题卷

同上题。

3. 评分表

同上题。

第5部分

理论知识考试模拟试卷及答案

车工（四级）理论知识试卷

注 意 事 项

1. 考试时间：90 min。
2. 请首先按要求在试卷的标封处填写您的姓名、准考证号和所在单位的名称。
3. 请仔细阅读各种题目的回答要求，在规定的位置填写您的答案。
4. 不要在试卷上乱写乱画，不要在标封区填写无关的内容。

	一	二	总分
得分			

得分	
评分人	

一、判断题（第1~60题。将判断结果填入括号中。正确的填“√”，错误的填“×”。每题0.5分，满分30分）

1. 表达零件内部形状的方法是采用剖视图，剖视图有全剖、半剖、局部剖三种。（ ）
2. 在齿轮的规定画法中，分度圆和分度线用细实线绘制。（ ）

3. 表面粗糙度值越小，其表面光洁程度越高。　　（　　）

4. 过渡配合是可能具有间隙或过盈的配合。　　（　　）

5. 基轴制配合的轴称为基准轴，其基本偏差代号为 h，上极限偏差为零。　　（　　）

6. 配合公差等于互相配合的孔公差与轴公差之差。　　（　　）

7. 公差带的方向即公差带放置的方向，由被测要素与基准的几何关系（垂直、平行或倾斜任一角度）确定。　　（　　）

8. 互换性是指从同一规格的一批零件中任取一件，经过修配就能装到机器或部件上，并能保证使用要求。　　（　　）

9. 测量零件尺寸时，应根据零件尺寸的精确程度选用相应的量具。　　（　　）

10. 百分表的精度分为 0 级和 1 级两种，0 级精度最高。　　（　　）

11. 半精加工阶段是继续减小加工余量、为精加工做准备、次要面加工的阶段。　　（　　）

12. 如果毛坯余量较大且不均匀或精度要求较高，可不分加工阶段，一道工序加工成形即可。　　（　　）

13. 高速钢适于制造形状复杂及精加工的刀具。　　（　　）

14. 精车时，由于背吃刀量和进给量都较小，所以后角应磨得小一些。　　（　　）

15. 负倒棱的作用主要是增加切削刃的强度。　　（　　）

16. 内圆车刀装得高于工件中心，会使实际工作前角增大，实际工作后角减小。（　　）

17. 刃磨麻花钻时，只要两条主切削刃长度相等就行。　　（　　）

18. 当背吃刀量与进给量增大时，切削时产生的切削热和切削力都较大，所以应适当增大切削速度。　　（　　）

19. 总切削力的计算公式为 $F=\sqrt{F_c^2+F_p^2+F_f^2}$。　　（　　）

20. 数控机床重新开机后，一般需先回机床零点。　　（　　）

21. 粒度号越小，表示砂轮的磨料越细。　　（　　）

22. 继电器按输出方式可分为有触点式和无触点式。　　（　　）

23. 两带轮直径之差越大，则包角越小，所以传动比不宜过小。　　（　　）

24. 链传动的瞬间传动比是一个常数。　　（　　）

25. 气动执行元件是在气动系统中将压缩空气的压力能转变成机械能的元件。（ ）

26. 增压回路的增压比取决于大、小缸口直径的比值。（ ）

27. 常用的淬火冷却介质有盐水、水、矿物油、空气等。（ ）

28. 调质处理的目的是获得均匀细小的奥氏体组织。（ ）

29. 表面淬火后，工件表层得到高硬度而中心部分还是原来的组织。（ ）

30. 表面淬火后，工件表面耐磨且不易产生疲劳破坏，而中心部分有足够的硬度和韧性。（ ）

31. 对于以提高耐磨性为主的渗碳，一般选用专用渗碳钢40Cr、42CrMo。（ ）

32. 带状切屑是由于塑性材料未经过充分的挤压和断裂、变形而形成的。（ ）

33. 切削层决定了切屑的尺寸及刀具切削部分的载荷。（ ）

34. 材料的塑性越好，产生积屑瘤的可能性越小。（ ）

35. 由于是粗车，刀磨钝了还可以继续使用。（ ）

36. 车出的外圆有锥度可能是由机床导轨磨损引起的，也可能是由刀具磨损引起的。（ ）

37. 镗削加工通常作为大型零件和箱体零件上孔的半精加工工序。（ ）

38. 带有锥柄的工具装卸很方便。（ ）

39. 一个圆锥所占空间的大小称为这个圆锥的体积。（ ）

40. 莫氏圆锥的锥度是固定不变的。（ ）

41. 外圆锥双曲线超差的特征是中间凹。（ ）

42. 米制蜗杆的全齿高为$2.2m_x$。（ ）

43. 螺纹的牙型高度与其导程无关。（ ）

44. 多线螺纹分线时产生的误差会使多线螺纹的螺距不等，严重地影响螺纹的配合精度，缩短其使用寿命。（ ）

45. 欠定位工件处于任意位置状态，所以不能保证工件的几何精度。（ ）

46. 夹紧力的三要素是大小、方向、作用力。（ ）

47. 机床夹具中所使用的夹紧机构绝大多数都是利用斜面将楔块的推力转变为夹紧力来夹紧工件的。（ ）

48. 机床夹具包括定位元件、测量装置、引导元件、夹具体。（　　）

49. 在钻偏心中心孔时，只要划对中心距就可以加工了。（　　）

50. 深孔加工的主要问题是排屑难，里面的实际情况无法观察到。（　　）

51. 主轴承间隙过小不会影响机床正常工作。（　　）

52. 过载保护机构就是超越离合器。（　　）

53. 在立式车床上可以加工大直径工件，但不能加工薄壁工件。（　　）

54. 交换齿轮箱远离操作者，没有盖没关系。（　　）

55. 不要用手触摸或测量正在旋转的工件。（　　）

56. 酸碱灭火器适用于一切燃烧的物品。（　　）

57. 磨削量大时，可采用深度磨削法。横磨法适于磨削比较短或有台阶的工件。（　　）

58. 使用设备要达到“四会”，即会使用、会保养、会检查、会排除故障。（　　）

59. 制造过程是在生产过程中直接改变生产对象的形状、尺寸、性能及相对位置关系的过程。（　　）

60. 开合螺母分开时，溜板箱和刀架就不动了。（　　）

得分	
评分人	

二、单项选择题（第 1～140 题。选择一个正确的答案，将相应的字母填入题内的括号中。每题 0.5 分，满分 70 分）

1. 键主要用来连接轴和轴上的传动件，起传递（　　）的作用。

A. 动力　B. 压力　C. 转矩　D. 力矩

2. 分度圆圆周上相邻两对应点之间的弧长称为（　　）。

A. 齿高　B. 齿深　C. 齿距　D. 模数

3. 技术要求包括尺寸公差、表面粗糙度及（　　）。

A. 图形　B. 标题栏　C. 几何公差　D. 直线

4. 物体左视图的投影方向是（　　）。

A. 由前向后　B. 由左向右　C. 由右向左　D. 由后向前

5. 基本偏差为一定的轴的公差带与不同基本偏差的孔的公差带形成的各种配合的一种制度称为（　　）。

A. 基孔制配合　　B. 基轴制配合　　C. 配合　　D. 过渡配合

6. 通过测量所得的尺寸是（　　）。

A. 极限尺寸　　B. 实际尺寸　　C. 公称尺寸　　D. 理想尺寸

7. 零件的互换性是机械产品批量生产的（　　）。

A. 根本　　B. 要求　　C. 前提　　D. 基础

8. 间隙配合是具有（　　）的配合。

A. 间隙　　B. 过盈　　C. 间隙或过盈　　D. 过渡

9. 机械加工顺序安排的原则是先基准后其他、先粗后精、先主后次、（　　）。

A. 先孔后面　　B. 先面后孔

C. 先简单后复杂　　D. 先复杂后简单

10. 尺寸链组成环中，由于该环减小使封闭环增大的环称为（　　）。

A. 增环　　B. 闭环　　C. 减环　　D. 间接环

11. 一个或一组工人在一个工作地对工件所连续完成的工艺过程称为（　　）。

A. 工步　　B. 工序　　C. 工位　　D. 工艺

12. 机械加工工艺过程由工序、工步、工位、走刀和（　　）组成。

A. 设备　　B. 转速　　C. 安装　　D. 定位

13. 切削用量中，（　　）对刀具磨损的影响最大。

A. 切削速度　　B. 进给量　　C. 进给速度　　D. 背吃刀量

14. 车削不锈钢工件，选择切削用量时，应选择（　　）。

A. 较大的 v_c、f　　B. 较小的 v_c、f

C. 较大的 v_c、较小的 f　　D. 较小的 v_c、较大的 f

15. 刀具材料越（　　），其耐磨性越好。

A. 硬　　B. 软　　C. 脆　　D. 重

16. 刀具材料除必须具备足够的强度与冲击韧度、高耐热性以外，（　　）。

A. 还需要具备耐磨性　　B. 还需要具备良好的工艺性和经济性

C. 不需要其他特殊性能　　D. 还需要具备适宜的使用寿命

17. 工件材料塑性大时，刀具前角就应选（　　）。

A. 大一些　　B. 小一些　　C. 负值　　D. 以上都对

18. 负倒棱会增加切削刃的（　　）。

A. 韧性　　B. 硬度　　C. 强度　　D. 刚度

19. 副偏角的大小主要会影响工件的（　　）。

A. 切削力　　B. 表面粗糙度　　C. 径向分力　　D. 外形尺寸

20. 用麻花钻钻孔时，同时有（　　）刃参加切削。

A. 2　　B. 3　　C. 1　　D. 5

21. 麻花钻的横刃斜角一般为（　　）。

A. 60°　　B. 55°　　C. 45°　　D. 118°

22. 麻花钻两条切削刃要（　　）。

A. 对称　　B. 平直　　C. 相交　　D. 以上都对

23. 机夹刀具的缺点是（　　）。

A. 不保持原有硬度　　B. 工作效率不高

C. 定位不准确　　D. 装卸不方便

24. 制造形状复杂、公差等级较高的刀具，一般应该选用的材料是（　　）。

A. 低合金刃具钢　　B. 高速钢　　C. 硬质合金　　D. 铸铁

25. 切削厚度较小，切削速度较高，刀具前角较大，易产生（　　）切屑。

A. 带状　　B. 挤裂　　C. 单元　　D. 崩碎

26.（　　）是设计进给机构强度、计算进给功率的依据。

A. F_c　　B. F_f　　C. F_p　　D. F_r

27. 即将被切去金属层的表面称为（　　）。

A. 已加工表面　　B. 过渡表面　　C. 待加工表面　　D. 基面

28. 切削液主要用来（　　）切削过程中的摩擦。

A. 提高切削温度和增大　　B. 提高切削温度和减小

C. 降低切削温度和增大　　D. 降低切削温度和减小

29. 在切削过程中，按作用的不同，刀具与工件间的相对运动可分为（　　）。

A. 切削运动和主运动　　B. 主运动和进给运动

C. 切削运动和进给运动　　D. 辅助运动和主运动

30. 车削直径为60 mm的工件外圆，车床主轴转速为600 r/min，切削速度为（　　）m/min。

A. 103　　B. 95　　C. 108　　D. 113

31. 粗车时，切削用量应按（　　）顺序考虑。

A. v_c、f、a_p　　B. f、v_c、a_p　　C. a_p、f、v_c　　D. f、a_p、v_c

32. 工件材料的（　　）是影响热量传导的重要因素。

A. 硬度　　B. 韧性　　C. 导热性　　D. 质量

33. 车刀前面磨损主要是由刀具前面与（　　）摩擦造成的。

A. 切屑　　B. 工件过渡表面

C. 工件已加工表面　　D. 工件待加工表面

34. 增大（　　）可降低工件表面粗糙度值。

A. 背吃刀量　　B. 主偏角　　C. 刀尖圆弧半径　　D. 机床转速

35. 黑色碳化硅砂轮主要用于磨（　　）。

A. 钢制刀具　　B. 铸铁　　C. 低碳钢刀具　　D. 合金钢刀具

36. 异步电动机的种类有三相异步电动机和（　　）两种。

A. 两相异步电动机　　B. 单相异步电动机

C. 鼠笼式异步电动机　　D. 绕线式异步电动机

37. 时间继电器可分为电磁式、空气阻尼式和（　　）。

A. 电压式　　B. 晶体管式　　C. 感应式　　D. 电动式

38. 在修理电气设备或用具时，（　　）带电操作。

A. 能　　B. 不能

C. 无所谓是否　　D. 以上都不对

39. 行灯、机床照明灯等应使用36 V及以下的安全电压。在特别潮湿的场所，应使用不高于（　　）V的电压。

A. 12　　B. 30　　C. 35　　D. 24

40. 在机械传动中，不能保证恒定传动比的是（　　）传动。

A. 齿轮　　B. 链　　C. 螺纹　　D. 带

41. 链传动的传动比一般小于等于（　　）。

A. 1　　B. 5　　C. 7　　D. 10

42. 渐开线上各点的压力角不相等，越远离基圆，压力角越大，基圆上的压力角（　　）。

A. 最小　　B. 最大　　C. 是常数　　D. 等于零

43. 气动执行元件中，气缸用于实现（　　）或摆动。

A. 直线运动　　B. 回转运动

C. 直线往复运动　　D. 曲线运动

44. 气缸按活塞端面受压状态可分为单作用气缸和（　　）气缸。

A. 叶片　　B. 双作用　　C. 普通　　D. 特殊

45. 压缩空气站的压力通常高于每台装置所需的（　　），且压力波动较大。

A. 实际压力　　B. 工作压力　　C. 极限压力　　D. 承受压力

46. 液压传动的基本原理：在密闭容器内利用有压力的（　　）作为工作介质，实现能量转换和动力传递。

A. 水　　B. 油液　　C. 气体　　D. 液体

47. 采用液压传动可实现无间隙传动，运动（　　）。

A. 效率低　　B. 发热大　　C. 平稳　　D. 损失大

48. 气压传动是研究以（　　）为能源介质，实现各种机械的传动和自动控制的学科。

A. 无压流体　　B. 有压流体　　C. 无压气体　　D. 有压气体

49. 沿程损失主要由液体流动时的（　　）引起。

A. 流量　　B. 压力　　C. 温度　　D. 摩擦

50. 辅助元件包括（　　）、滤油器、油管及管接头、密封圈、压力表、油位油温计等。

A. 压力继电器　　B. 液压阀　　C. 油箱　　D. 节流阀

51. 方向控制回路是（　　）。

A. 换向和闭锁回路　　B. 调压和卸载回路

C. 节流调速和速度换接回路　　D. 同步和减压回路

52. 正火一般应用于含碳量低于（　　）的低碳钢，可适当提高其强度和硬度。

A. 0.8%　　B. 0.3%　　C. 1%　　D. 0.03%

53.（　　）属于优质碳素结构钢。

A. 65Mn　　B. T8A　　C. T10Mn　　D. 45

54.（　）属于高速钢。

A. 45　　B. 40Cr　　C. Q345　　D. W18Cr4V

55. 退火用于（　　）钢铁在铸造、锻压、轧制和焊接过程中所造成的各种组织缺陷及残余应力，防止工件变形、开裂。

A. 改变　　B. 改善或消除　　C. 改善　　D. 消除

56. 将零件淬入介质中，得到一定深度的均匀的马氏体层，使表层产生残余压应力，一般不超过直径或厚度的10%，此工艺称为（　）。

A. 预冷淬火　　B. 多介质淬火　　C. 薄壳淬火　　D. 间断淬火

57. 将经过淬火的工件加热到临界点 Ac_1 以下的适当温度保持一定时间，随后用符合要求的方法冷却至室温，以获得所需要的组织和性能的热处理工艺方法是（　）。

A. 正火　　B. 退火　　C. 回火　　D. 调质处理

58. 钢经加热淬火后获得的是（　）组织。

A. 马氏体　　B. 奥氏体　　C. 渗碳体　　D. 珠光体

59. 淬火加高温回火的热处理又称为（　　）。

A. 渗碳　　B. 退火　　C. 回火　　D. 调质处理

60. 提高零件表面含碳量，在继续淬火和回火的热处理后，得到硬度高和耐磨性好的表面及韧性良好的心部组织，属于（　　）工艺。

A. 表面淬火　　B. 渗碳　　C. 淬火　　D. 调质处理

61. 渗碳、渗氮属于（　）。

A. 化学热处理　　B. 物理表面处理

C. 表面覆层处理　　D. 表面分层处理

62. 表面淬火主要有（　　）加热和火焰加热两种。

A. 高温　　B. 高频　　C. 低温　　D. 感应

63. 把钢预热到临界温度以上，保温一段时间后，工件随炉冷却的操作过程称为（　　）。

A. 淬火　B. 正火　C. 退火　D. 回火

64. 切削过程是材料被刀具挤压、变形、（　　），形成切屑的过程。

A. 剪切滑移　B. 摩擦　C. 滚压　D. 剪切

65. 切削层决定切屑的尺寸及刀具切削部分的（　　）。

A. 横截面积　B. 宽度　C. 厚度　D. 载荷

66. 在同一瞬间的切削层公称横截面积与其公称宽度之比称为切削层公称（　　）。

A. 横截面积　B. 宽度　C. 厚度　D. 深度

67. 在车床上利用（　　）来改变毛坯的形状和尺寸。

A. 工件的移动和刀具的直线运动或曲线运动

B. 工件的旋转运动和刀具的直线运动或曲线运动

C. 刀具的旋转运动和工件的直线运动或曲线运动

D. 刀具的移动和工件的直线运动或曲线运动

68. 当工件塑性小、硬度较高时，积屑瘤产生的可能性和积屑瘤的高度（　　）。

A. 增大　B. 不变　C. 减小　D. 以上都对

69. 积屑瘤的产生会使工件表面粗糙度值增大，工件加工精度（　　）。

A. 降低　B. 提高　C. 不定　D. 不变

70. 切削速度大于（　　）m/min 可降低工件表面粗糙度值，使刀具上的积屑瘤很小或没有。

A. 30　B. 120　C. 80　D. 100

71. 增大（　　），可以减小已加工表面的硬化。

A. 后角　B. 刀尖圆弧半径　C. 刀具硬度　D. 切削用量

72. 背向力（　　）是总切削力 F 在垂直于假定工作平面方向上的分力。

A. F_p　B. F_c　C. F_f　D. $F_{f\alpha}$

73. 表面硬化会增加工件的（　　）。

A. 残余应力　B. 弯曲　C. 变形　D. 强度

74. 由于主切削力的存在，粗车细长轴时，车刀应该装得（　　）。

A. 稍高于工件中心　　B. 对准工件中心

C. 稍低于工件中心　　D. 以上都对

75. 车刀主后面磨损主要是由车刀与工件（　　）摩擦造成的。

A. 待加工表面　　B. 过渡表面　　C. 已加工表面　　D. 以上都对

76. 车削铝合金工件时，因硬度和强度低、切削力小，所以刀片材料应选用（　　）。

A. W18Cr4V　　B. W6Mo5Cr4V2Al

C. W2Mo9Cr4VCo8　　D. YG6

77. 粗加工时，应尽量保证较高的金属切除率和必要的刀具寿命，所以一般优先选择尽可能大的（　　）。

A. 进给量　　B. 切削速度　　C. 背吃刀量　　D. 切削用量

78. 直接影响切削过程的是切削温度，切削温度一般指（　　）与切屑接触区域的平均温度。

A. 刀具前面　　B. 刀具后面　　C. 已加工表面　　D. 待加工表面

79. 切削液可分为油基切削液、（　　）和合成切削液。

A. 乳化液　　B. 半合成切削液　　C. 氨基醇　　D. 消泡剂

80. 切削热的来源是切屑变形功和刀具前面、后面的（　　）。

A. 摩擦功　　B. 挤压　　C. 变形　　D. 剪切

81. 车削加工最基本的操作是（　　）。

A. 外圆车削　　B. 端面车削　　C. 内孔车削　　D. 台阶车削

82. 圆锥配合可传递（　　）的转矩。

A. 较小　　B. 中等　　C. 较大　　D. 一般

83. 圆锥配合经多次装卸，仍能保证精确的（　　）作用。

A. 配合　　B. 传动　　C. 离心　　D. 定心

84. 莫氏圆锥分为（　　）个号。

A. 7　　B. 6　　C. 5　　D. 4

85. 圆锥台大小端直径之差与高度之比的计算公式为（　　）。

A. $D=d-C$ B. $d=D-C$ C. $C=\frac{D-d}{L}$ D. $C=\frac{D-d}{2L}$

86. 加工长度较长、锥度较小的外圆锥工件一般可采用（ ）。

A. 转动小滑板法 B. 偏移尾座法

C. 靠模车削法 D. 成形刀法

87. 车削圆锥体时，当圆锥半角 $\frac{\alpha}{2}<6°$ 时，小滑板转动角度可用近似公式（ ）计算。

A. $\alpha/2\approx28.7°$ B. $\alpha/2\approx28.7°\times C$

C. $\alpha/2\approx28°\times C$ D. $\alpha/2\approx28°$

88. 尾座偏移量的计算公式是（ ）。

A. $S=\frac{L_0(D-d)}{2L}$ B. $S=\frac{D-d}{2L}$

C. $S=\frac{D-d}{L_0}$ D. $S=\frac{DL_0}{2L}$

89. 车圆锥时，刀尖与工件回转中心不等高则产生（ ）误差。

A. 圆度 B. 双曲线 C. 尺寸 D. 同轴度

90. 用成形车刀车削圆锥面，其精度主要由（ ）保证。

A. 机床 B. 夹具 C. 刀具 D. 操作者

91. 螺纹按用途可分为连接螺纹和（ ）。

A. 斜螺纹 B. 圆锥螺纹 C. 管螺纹 D. 传动螺纹

92. 螺纹牙型高度的计算公式为（ ）。

A. $D_1=D-P$ B. $h_1=0.541\,3P$

C. $D_1=d-1.082\,5P$ D. $d_2=d-0.649\,5P$

93. 普通螺纹的牙型角是（ ）。

A. 30° B. 40° C. 55° D. 60°

94. 刀杆伸出长度合理，稍降低切削速度能提高螺纹的（ ）。

A. 牙型准确度 B. 表面质量 C. 测量精度 D. 螺距精度

95. 三针测量法的计算公式为（ ）。

A. $W=0.366P-0.536a_c$　　B. $d_2=d-0.5P$

C. $h_3=0.5P+a_c$　　D. $M=d_2+4.864d_D-1.866P$

96. 蜗杆、蜗轮适用于（　　）运动的传动机构中。

A. 减速　　B. 增速　　C. 等速　　D. 以上都对

97. 蜗杆的齿顶高为（　　）。

A. $0.8m_x$　　B. $0.5m_x$　　C. $1.2m_x$　　D. m_x

98. 在车削梯形内螺纹时，与进刀方向相反的后角（　　）。

A. 减小　　B. 增大　　C. 不变　　D. 以上都对

99. 双线梯形螺纹的牙型高度为（　　）。

A. $0.5P+a_c$　　B. $2\times(0.5P+a_c)$　　C. $0.5P$　　D. P

100. 三针测量 Tr40×10 的梯形螺纹，最佳量针直径应是（　　）mm。

A. 5.18　　B. 4.24　　C. 3.5　　D. 1.01

101. 车床长丝杠螺距为 6 mm，在车螺距为 6 mm 的双线螺纹时（　　）。

A. 会乱牙　　B. 不会乱牙

C. 不能确定是否乱牙　　D. 正常

102. 要使定位能正常实现，必须使工件上的（　　）表面与夹具中的定位元件相接触。

A. 设计基准　　B. 定位基准　　C. 测量基准　　D. 工艺基准

103. 完全定位是指不重复地限制了工件（　　）个自由度的定位。

A. 4　　B. 5　　C. 6　　D. 7

104. 完全定位后，工件在空间的位置（　　）。

A. 是唯一确定的　　B. 不唯一确定

C. 能否确定要看是否夹紧　　D. 一定不是唯一确定的

105. 夹具上两个或两个以上的定位元件重复限制同一个自由度的现象称为（　　）。

A. 部分定位　　B. 完全定位　　C. 重复定位　　D. 欠定位

106. 工件以两孔一面为定位基准面，采用一面两销为定位元件，这种定位属于（　　）。

A. 完全定位　　B. 部分定位　　C. 重复定位　　D. 欠定位

107. 小锥度心轴锥体的锥度很小，常用的锥度范围为（　　）。

A. 1/2 000～1/1 000　B. 1/3 000～1/1 000
C. 1/4 000～1/1 000　D. 1/5 000～1/1 000

108. 夹紧力的三要素包括大小、方向和（　）。
A. 水平力　B. 垂直力　C. 作用点　D. 作用力

109. 夹紧力（　）是指夹紧件与工件接触的一小块面积。
A. 大小　B. 方向　C. 作用点　D. 作用力

110. 夹紧装置要求结构简单紧凑，并且有足够的（　）。
A. 韧性　B. 强度　C. 刚度　D. 压力

111. 斜楔夹紧机构应根据需要确定斜角 α。凡有自锁要求的斜楔夹紧机构，其斜角 α 必须小于 2φ（φ 为摩擦角），通常取（　）。
A. 2°～4°　B. 4°～6°　C. 6°～8°　D. 8°～10°

112. 夹具中的（　）用于保证工件在夹具中的正确位置。
A. 定位元件　B. 辅助元件　C. 夹紧元件　D. 其他元件

113. （　）不属于机床夹具的组成部分。
A. 机床　B. 定位元件　C. 引导元件　D. 夹具体

114. 定心夹紧机构的特点是（　）和夹紧元件是同一元件。
A. 机床　B. 定位元件　C. 引导元件　D. 夹具体

115. 用花盘装夹工件，花盘跳动较大时，可将花盘（　）精车一刀，以保证装夹精度。
A. 内孔　B. 外圆
C. 平面　D. 内孔、外圆、平面

116. 在角铁上装上工件后，要装（　），以防止因机床抖动而影响加工精度。
A. 压板　B. 保险块　C. 平衡块　D. 压紧螺钉

117. 外圆和内孔组成的偏心零件称为（　）。
A. 台阶孔　B. 轴套　C. 凸轮套　D. 偏心套

118. 采用三爪自定心卡盘装夹偏心件时，所需垫块厚度 X 的计算公式是（　）。
A. $X=2e$　B. $X=1.5e$　C. $X=1.5e\pm k$　D. $X=e\pm k$

119. 测量较大偏心距时，要把工件放在（　　）上，用百分表测量。

A. 工作台　　B. 两顶尖　　C. 平板　　D. V形架

120. 在细长轴车削中，在保证车刀有足够强度的前提下，尽量使刀具的（　　）增大。

A. 主偏角　　B. 后角　　C. 前角　　D. 副偏角

121. 车细长轴时，跟刀架卡爪与工件的接触压力太小或根本没有接触到，车出的工件会出现（　　）。

A. 竹节形缺陷　　B. 多棱形缺陷　　C. 频率振动　　D. 弯曲变形

122. 深孔加工的主要问题是（　　）困难。

A. 断屑和排屑　　B. 断屑　　C. 观察和刃磨刀具　　D. 堵塞

123. 喷吸钻（　　）的说法是错误的。

A. 结构复杂　　B. 属于内排屑钻头

C. 对油的压力和流量要求较高　　D. 制造困难

124. 在CA6140型车床的进给变向机构上有“增大螺距”手柄，通过它可使螺距增大（　　）。

A. 2倍或4倍　　B. 4～16倍　　C. 2～16倍　　D. 4倍或16倍

125. 摩擦离合器过松，会影响功率的正常传递，还会使（　　）磨损。

A. 主轴承　　B. 制动器　　C. 摩擦片　　D. 传动带

126. CA6140型车床的（　　）中装有超越离合器。

A. 主轴箱　　B. 交换齿轮箱　　C. 进给箱　　D. 溜板箱

127. 安全离合器的调整范围取决于机床许可的最大（　　）。

A. 进给量　　B. 弹簧压力　　C. 进给抗力　　D. 摩擦力

128. 开合螺母的作用是传递机床（　　）的动力。

A. 主轴　　B. 齿轮　　C. 梯形丝杠　　D. 离合器

129. 立式车床主轴是（　　）布置的，工件与工作台的重力由平面轴承和导轨承受，能长期保持机床精度。

A. 平行　　B. 横向　　C. 纵向　　D. 垂直

130. 机床每运行（　　）h要进行一级保养，以保证机床的加工精度并延长使用寿命。

A. 300　B. 500　C. 800　D. 1 000

131. 车工在操作机床中必须戴（　）。

A. 手套　B. 帽子　C. 袖套　D. 防护眼镜

132. 起吊前，要检查（　）是否损坏。

A. 吊具　B. 设备

C. 工件　D. 钢丝绳、尼龙绳

133. 外圆磨床磨内孔的精度没有（　）高。

A. 平面磨床　B. 无心磨床　C. 内圆磨床　D. 工具磨床

134. 平面磨床是用电磁铁吸住工件进行磨削，所以（　）零件不易磨平。

A. 薄板　B. 厚　C. 弯曲　D. 箱体

135. 在铣床上铣刀做旋转运动，工件做（　）运动。

A. 往复直线　B. 直线进给　C. 回转　D. 旋转

136. 镗床适于加工箱体、机架等（　）和位置精度要求较高的工件。

A. 孔距精度　B. 孔径精度　C. 表面质量　D. 外形复杂

137. 全面质量管理是指一个组织以质量为中心，以（　）参与为基础。

A. 全社会　B. 行业　C. 企业　D. 全员

138. 机床操作者要达到“四会”要求，即会检查、（　）、会保养、会排除故障。

A. 会装拆　B. 会修理　C. 会大修　D. 会使用

139. 卧式车床的三级保养不包括（　）。

A. 日常维护保养　B. 设备大修

C. 二级保养　D. 一级保养

140. 在生产过程中，直接改变生产对象的形状、尺寸、性能及相对位置关系的过程称为（　）。

A. 生产过程　B. 工艺过程　C. 工艺规程　D. 制造过程

车工（四级）理论知识试卷答案

一、判断题（第1～60题。将判断结果填入括号中。正确的填“√”，错误的填“×”。每题0.5分，满分30分）

1. √　2. ×　3. √　4. √　5. √　6. ×　7. √　8. ×　9. √　10. √
11. √　12. ×　13. √　14. ×　15. √　16. ×　17. ×　18. ×　19. √　20. √
21. ×　22. ×　23. ×　24. ×　25. √　26. √　27. √　28. ×　29. √　30. ×
31. ×　32. ×　33. √　34. ×　35. ×　36. √　37. ×　38. √　39. √　40. ×
41. √　42. √　43. √　44. √　45. √　46. ×　47. √　48. ×　49. ×　50. √
51. ×　52. ×　53. ×　54. ×　55. √　56. ×　57. √　58. √　59. ×　60. ×

二、单项选择题（第1～140题。选择一个正确的答案，将相应的字母填入题内的括号中。每题0.5分，满分70分）

1. C　2. C　3. C　4. B　5. B　6. B　7. C　8. A　9. B　10. C
11. B　12. C　13. A　14. C　15. A　16. B　17. A　18. C　19. B　20. B
21. B　22. A　23. C　24. B　25. A　26. B　27. C　28. D　29. B　30. D
31. C　32. C　33. B　34. C　35. B　36. B　37. D　38. B　39. A　40. D
41. C　42. D　43. C　44. B　45. B　46. D　47. C　48. D　49. D　50. C
51. A　52. B　53. A　54. D　55. B　56. C　57. C　58. A　59. D　60. B
61. A　62. A　63. C　64. A　65. D　66. C　67. B　68. C　69. A　70. B
71. A　72. A　73. A　74. A　75. B　76. A　77. C　78. A　79. B　80. A
81. A　82. C　83. D　84. A　85. C　86. B　87. B　88. C　89. B　90. C
91. D　92. B　93. D　94. B　95. D　96. A　97. D　98. B　99. A　100. A
101. A　102. B　103. C　104. A　105. C　106. A　107. D　108. C　109. C　110. C
111. C　112. A　113. A　114. B　115. C　116. C　117. D　118. C　119. D　120. A
121. C　122. A　123. C　124. D　125. C　126. D　127. C　128. C　129. D　130. B
131. D　132. D　133. C　134. A　135. B　136. A　137. D　138. D　139. B　140. B

第6部分

操作技能考核模拟试卷

注 意 事 项

1. 考生根据操作技能考核通知单中所列的试题做好考核准备。

2. 请考生仔细阅读试题单中具体考核内容和要求，并按要求完成操作或进行笔答或口答，若有笔答请考生在答题卷上完成。

3. 操作技能考核时要遵守考场纪律，服从考场管理人员指挥，以保证考核安全顺利进行。

注：操作技能鉴定试题评分表及答案是考评员对考生考核过程及考核结果的评分记录表，也是评分依据。

国家职业资格鉴定

车工（四级）操作技能考核通知单

姓名：

准考证号：

考核日期：

试题 1

试题代码：C1—001。
试题名称：要素组合轴一。
考核时间：240 min。
配分：70 分。

试题 2

试题代码：C2—004。
试题名称：接头。
考核时间：45 min。
配分：15 分。

试题 3

试题代码：C2—010。
试题名称：偏心轴。
考核时间：45 min。
配分：15 分。

车工（四级）操作技能鉴定

试　题　单

试题代码：C1－001。

试题名称：要素组合轴一。

考核时间：240 min。

1. 操作条件

（1）设备：卧式车床 CA6140、CA6136、CA6132。

（2）操作工具、量具、刀具及考件备料（45 钢，ϕ45 mm×103 mm）。

（3）操作者将劳动防护服、鞋等穿戴齐全。

2. 操作内容

（1）外圆、偏心外圆、双线梯形螺纹、普通螺纹（内螺纹）车削及几何公差的保证。

（2）安全文明操作。

3. 操作要求

（1）符合图样要求。

（2）安全文明操作。

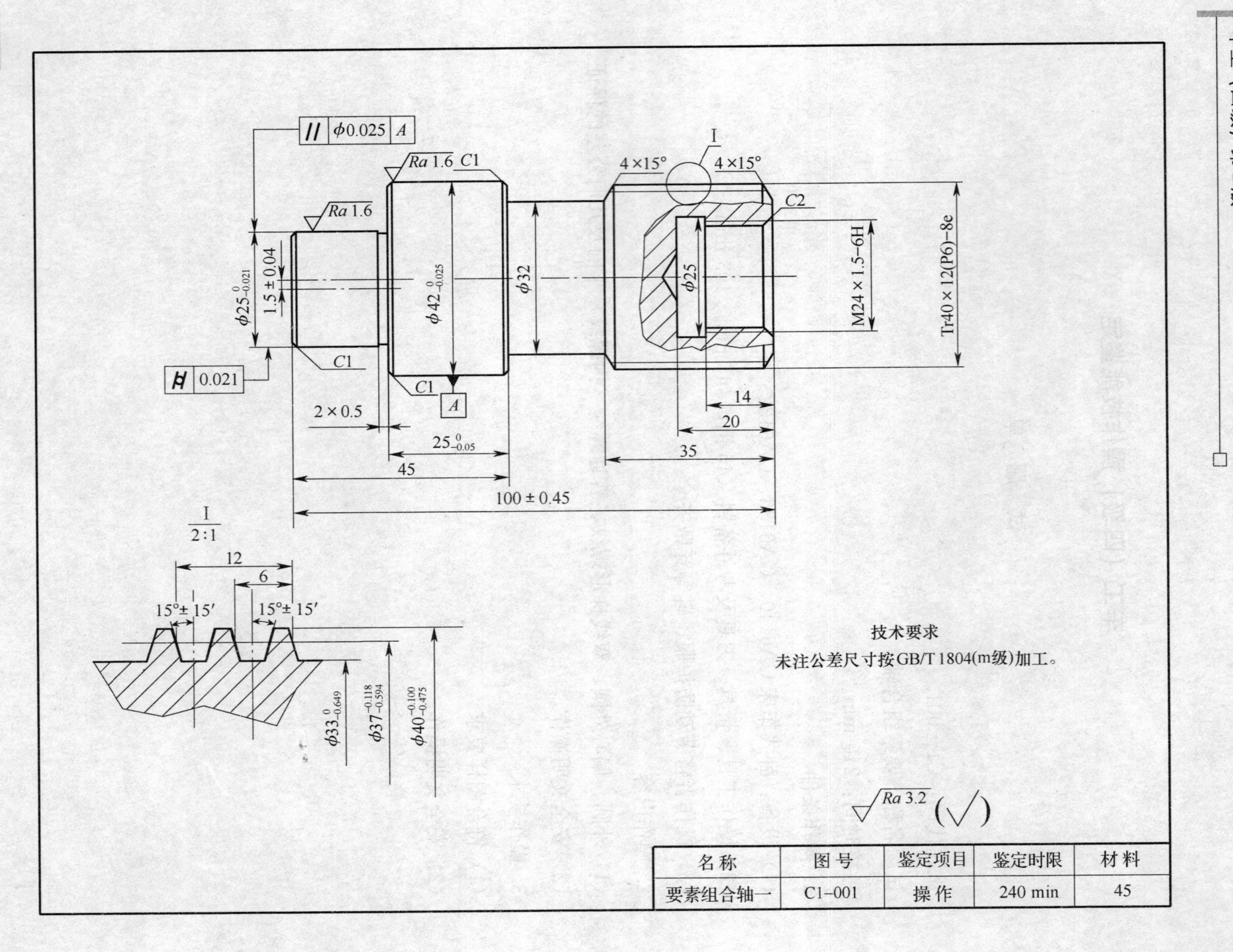

名称	图号	鉴定项目	鉴定时限	材料
要素组合轴一	C1−001	操作	240 min	45

车工（四级）操作技能鉴定

试题评分表

考生姓名：　　　　　　　　准考证号：

试题代码及名称		C1－001 要素组合轴一			考核时间					240 min
评价要素		配分	等级	评分细则	评定等级					得分
					A	B	C	D	E	
1	外圆 $\phi 42_{-0.025}^{0}$ mm	5	A	符合公差要求						
			B	超差≤0.04 mm						
			C	0.04 mm＜超差≤0.10 mm						
			D	超差＞0.10 mm						
			E	未答题						
	表面粗糙度	4	A	符合公差要求						
			B	1.6 μm＜Ra≤3.2 μm						
			C	3.2 μm＜Ra≤6.3 μm						
			D	Ra＞6.3 μm						
			E	未答题						
2	偏心外圆 $\phi 25_{-0.021}^{0}$ mm	6	A	符合公差要求						
			B	超差≤0.04 mm						
			C	0.04 mm＜超差≤0.10 mm						
			D	超差＞0.10 mm						
			E	未答题						
	表面粗糙度	4	A	符合公差要求						
			B	1.6 μm＜Ra≤3.2 μm						
			C	3.2 μm＜Ra≤6.3 μm						
			D	Ra＞6.3 μm						
			E	未答题						

续表

试题代码及名称		C1-001要素组合轴一			考核时间					240 min
评价要素		配分	等级	评分细则	评定等级					得分
					A	B	C	D	E	
3	长度 $25_{-0.05}^{\ 0}$ mm	4	A	符合公差要求						
			B	超差≤0.02 mm						
			C	0.02 mm<超差≤0.10 mm						
			D	超差>0.10 mm						
			E	未答题						
4	梯形螺纹外圆 $\phi40_{-0.475}^{-0.100}$ mm	3	A	符合公差要求						
			B	超差≤0.05 mm						
			C	0.05 mm<超差≤0.10 mm						
			D	超差>0.10 mm						
			E	未答题						
	表面粗糙度	2	A	符合公差要求						
			B	3.2 μm<Ra≤6.3 μm						
			C	6.3 μm<Ra≤12.5 μm						
			D	Ra>12.5 μm						
			E	未答题						
5	梯形螺纹中径 $\phi37_{-0.594}^{-0.118}$ mm	13	A	符合公差要求						
			B	超差≤0.05 mm						
			C	0.05 mm<超差≤0.10 mm						
			D	超差>0.10 mm						
			E	未答题						
	表面粗糙度	5	A	符合公差要求						
			B	3.2 μm<Ra≤6.3 μm						
			C	6.3 μm<Ra≤12.5 μm						
			D	Ra>12.5 μm						
			E	未答题						

续表

试题代码及名称				C1－001要素组合轴一	考核时间					240 min
评价要素		配分	等级	评分细则	评定等级					得分
					A	B	C	D	E	
6	梯形螺纹底径 $\phi 33_{-0.649}^{0}$ mm	2	A	符合公差要求						
			B	超差≤0.05 mm						
			C	0.05 mm<超差≤0.10 mm						
			D	超差>0.10 mm						
			E	未答题						
	表面粗糙度	1	A	符合公差要求						
			B	3.2 μm<*Ra*≤6.3 μm						
			C	6.3 μm<*Ra*≤12.5 μm						
			D	*Ra*>12.5 μm						
			E	未答题						
7	牙型角 2×(15°±15′)	4	A	符合公差要求						
			B	超差≤30′						
			C	30′<超差≤1°						
			D	超差>1°						
			E	未答题						
8	内螺纹 M24×1.5－6H	9	A	符合公差要求						
			B	超差≤0.03 mm						
			C	0.03 mm<超差≤0.10 mm						
			D	超差>0.10 mm						
			E	未答题						
	表面粗糙度	3	A	符合公差要求						
			B	3.2 μm<*Ra*≤6.3 μm						
			C	6.3 μm<*Ra*≤12.5 μm						
			D	*Ra*>12.5 μm						
			E	未答题						

续表

试题代码及名称		C1—001 要素组合轴一			考核时间					240 min
评价要素		配分	等级	评分细则	评定等级					得分
					A	B	C	D	E	
9	孔深 20 mm 及 14 mm	3	A	符合公差要求						
			B	超差≤0.10 mm						
			C	0.10 mm＜超差≤0.50 mm						
			D	超差＞0.50 mm						
			E	未答题						
10	综合要素 圆柱度 ϕ0.021 mm	7	A	符合公差要求						
			B	超差≤0.04 mm						
			C	0.04 mm＜超差≤0.10 mm						
			D	超差＞0.10 mm						
			E	未答题						
11	综合要素 平行度 ϕ0.025 mm	5	A	符合公差要求						
			B	超差≤0.04 mm						
			C	0.04 mm＜超差≤0.10 mm						
			D	超差＞0.10 mm						
			E	未答题						
12	综合要素 偏心距（1.5±0.04）mm	10	A	符合公差要求						
			B	超差≤0.08 mm						
			C	0.08 mm＜超差≤0.20 mm						
			D	超差＞0.20 mm						
			E	未答题						
13	长度（100±0.45）mm	2	A	符合公差要求						
			B	超差≤0.10 mm						
			C	0.10 mm＜超差≤0.30 mm						
			D	超差＞0.30 mm						
			E	未答题						

续表

<table>
<tr><td colspan="2">试题代码及名称</td><td colspan="3">C1－001 要素组合轴一</td><td colspan="5">考核时间</td><td>240 min</td></tr>
<tr><td colspan="2" rowspan="2">评价要素</td><td rowspan="2">配分</td><td rowspan="2">等级</td><td rowspan="2">评分细则</td><td colspan="5">评定等级</td><td rowspan="2">得分</td></tr>
<tr><td>A</td><td>B</td><td>C</td><td>D</td><td>E</td></tr>
<tr><td rowspan="5">14</td><td rowspan="5">综合要素
其余尺寸</td><td rowspan="5">3</td><td>A</td><td>全部符合公差要求</td><td rowspan="5"></td><td rowspan="5"></td><td rowspan="5"></td><td rowspan="5"></td><td rowspan="5"></td><td rowspan="5"></td></tr>
<tr><td>B</td><td>1 个尺寸超差</td></tr>
<tr><td>C</td><td>2 个尺寸超差</td></tr>
<tr><td>D</td><td>3 个尺寸超差</td></tr>
<tr><td>E</td><td>未答题</td></tr>
<tr><td rowspan="5">15</td><td rowspan="5">安全文明操作，
场地清理</td><td rowspan="5">5</td><td>A</td><td>操作安全文明，工完场清</td><td rowspan="5"></td><td rowspan="5"></td><td rowspan="5"></td><td rowspan="5"></td><td rowspan="5"></td><td rowspan="5"></td></tr>
<tr><td>B</td><td>操作较文明，场地整理清洁</td></tr>
<tr><td>C</td><td>操作较文明，场地不够清洁</td></tr>
<tr><td>D</td><td>操作野蛮，场地不清洁</td></tr>
<tr><td>E</td><td>未答题</td></tr>
<tr><td colspan="2">合计配分</td><td>100</td><td colspan="8">合计得分</td></tr>
</table>

该项最后得分＝合计得分×0.7。　　　　　　　　考评员（签名）：

等级	A（优）	B（良）	C（及格）	D（差）	E（未答题）
比值	1.0	0.8	0.6	0.2	0

“评价要素”得分＝配分×等级比值。

车工（四级）操作技能鉴定

试题单（答题卷）

考生姓名：　　　　　　　　　　　　准考证号：

试题代码：C2－004。

试题名称：接头。

考核时间：45 min。

1. 操作条件及内容

2. 操作要求

（1）补充完整图样，在∨处补全表面粗糙度值。

（2）用几何公差的框格表示 E 孔对 G 外圆的垂直度公差 0.025 mm。

（3）用几何公差的框格表示键槽对 G 外圆的对称度公差 0.015 mm。

（4）尺寸公差等级代号前填写公称尺寸，括号内填写极限偏差。

（5）键槽宽的公差带取 N9，键槽深的极限偏差为（$^{+0.2}_{0}$）mm。

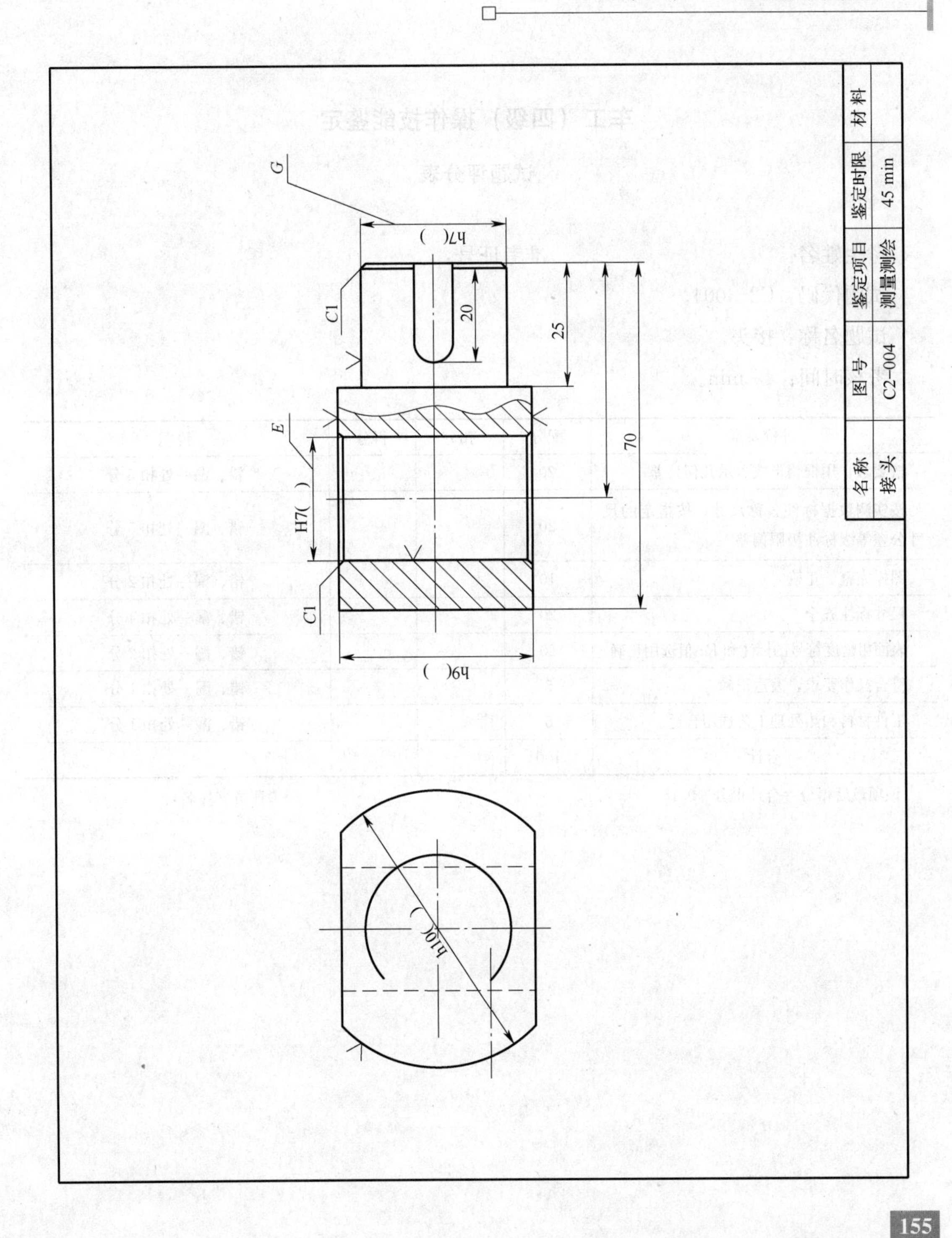

名称
接头
图号
C2-004
鉴定项目
测量测绘
鉴定时限
45 min
材料
G
E
h7( )
H7( )
h9( )
h10( )
C1
C1
20
25
70

车工（四级）操作技能鉴定

试题评分表

考生姓名：　　　　　　　　　　准考证号：

试题代码：C2－004。

试题名称：接头。

考核时间：45 min。

评价要素	配分	扣分	得分	说明
按要求，用框格形式表示几何公差	20			错、漏一处扣5分
按实测数据标注公称尺寸，按指定的尺寸公差等级标注极限偏差	20			错、漏一处扣5分
图样完整、正确	10			错、漏一处扣2分
尺寸标注齐全	20			错、漏一处扣4分
表面粗糙度符号的标注和 Ra 值选用正确	20			错、漏一处扣2分
符合操作要求，表达正确	5			错、漏一处扣1分
工件材料和热处理工艺选用合适	5			错、漏一处扣1分
合计	100			

该项最后得分＝合计得分×0.15。　　　　　　　　　　考评员（签名）：

车工（四级）操作技能鉴定

试题单

试题代码：C2－010。

试题名称：偏心轴。

考核时间：45 min。

1. 操作条件及内容

2. 操作要求

（1）按图样编制零件加工工艺，要求加工顺序正确。

（2）本工种工步划分、顺序和内容正确。

（3）热处理工序选用恰当。

（4）本工种设备、工装选用合适。

（5）本工种工时定额估算合理。

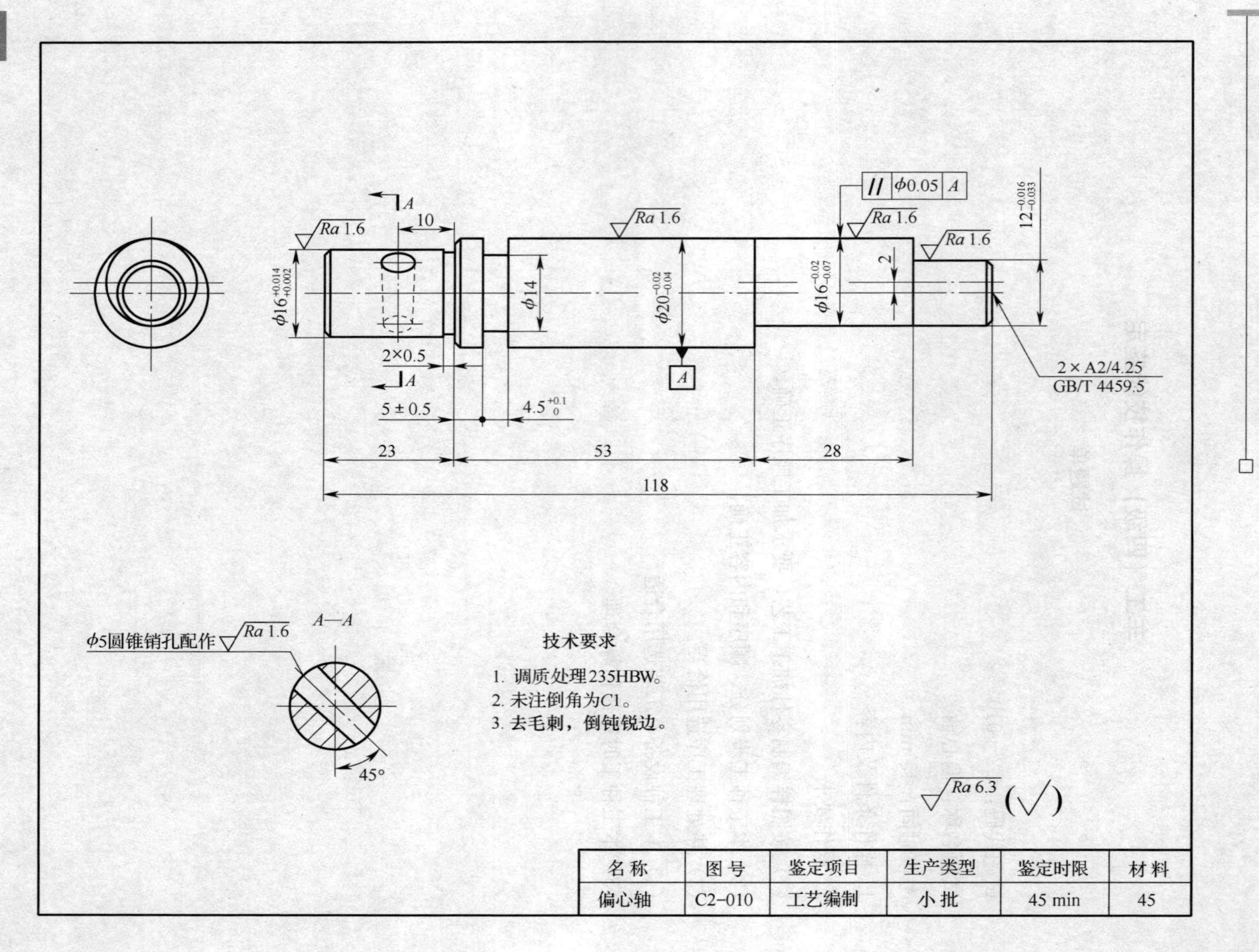

名称	图号	鉴定项目	生产类型	鉴定时限	材料
偏心轴	C2-010	工艺编制	小批	45 min	45

车工（四级）操作技能鉴定

答 题 卷

考生姓名：　　　　　　　　　准考证号：

试题代码：C2－010。

试题名称：偏心轴。

考核时间：45 min。

名称		图号		毛坯种类		材料	
工序	工步	工序内容			设备	工装	工时定额

车工（四级）操作技能鉴定

试题评分表

考生姓名：　　　　　　　　　　准考证号：

试题代码：C2－010。

试题名称：偏心轴。

考核时间：45 min。

评价要素	配分	扣分	得分	说明
加工顺序正确	35			错、漏一处扣5分
本工种工步划分、顺序和内容正确	25			错、漏一处扣2.5分
热处理工序选用恰当	15			错、漏一处扣7.5分
本工种设备、工装选用合适	20			错、漏一处扣4分
本工种工时定额估算合理	5			错、漏一处扣5分
合计	100			

该项最后得分＝合计得分×0.15。　　　　　　　　　考评员（签名）：